U0166202

大数据技术丛书

数据要素
安全流通

华东江苏大数据交易中心 组编

机械工业出版社
CHINA MACHINE PRESS

图书在版编目（CIP）数据

数据要素安全流通 / 华东江苏大数据交易中心组编 . —北京：机械工业出版社，2023.9
（2025.1 重印）

（大数据技术丛书）

ISBN 978-7-111-73511-3

I. ①数… II. ①华… III. ①数据管理 – 安全技术 IV. ① TP309.3

中国国家版本馆 CIP 数据核字（2023）第 132310 号

机械工业出版社（北京市百万庄大街 22 号 邮政编码 100037）

策划编辑：孙海亮　　　　　　　责任编辑：孙海亮

责任校对：梁　园　李　婷　　责任印制：常天培

北京机工印刷厂有限公司印刷

2025 年 1 月第 1 版第 2 次印刷

170mm×230mm · 15 印张 · 1 插页 · 243 千字

标准书号：ISBN 978-7-111-73511-3

定价：99.00 元

电话服务　　　　　　　网络服务

客服电话：010-88361066　机　工　官　网：www.cmpbook.com

010-88379833　机　工　官　博：weibo.com/cmp1952

010-68326294　金　书　网：www.golden-book.com

封底无防伪标均为盗版　机工教育服务网：www.cmpedu.com

创作委员会

联合发起单位：
华东江苏大数据交易中心
贵州赛昇工业信息研究院有限公司
深圳国家金融科技测评中心有限公司

协办单位：
数据宝 ChinaDataPay

主创单位：
华东江苏大数据交易中心
贵州赛昇工业信息研究院有限公司
深圳国家金融科技测评中心有限公司
数据宝 ChinaDataPay
南京航空航天大学

专家团：
汤寒林　华东江苏大数据交易中心　总经理
邱凯达　国家工业信息安全发展研究中心贵州分中心
　　　　（贵州赛昇工业信息研究院有限公司）　总经理
丁红发　贵州财经大学　副教授
张　斌　中国科学院软件所　研究员
方黎明　南京航空航天大学深圳研究院　副院长
　　　　国家重点研发计划　首席科学家
李克鹏　腾讯云计算（北京）有限责任公司　资深标准专家

朱艳春　联通（广东）产业互联网有限公司　首席科学家

刘巍然　瓴羊　高级安全专家

郑　峥　国家金融科技测评中心（银行卡检测中心）信息安全业务部
　　　　高级主管

刘宏建　元知未来研究院　常务副院长

刘　哲　之江实验室基础理论研究院　副院长
　　　　南京航空航天大学　教授／博士生导师

参创单位（排名不分先后）：

深圳市腾讯计算机系统有限公司

腾讯云计算（北京）有限责任公司

杭州瓴羊智能服务有限公司

上海三零卫士信息安全有限公司

联通（广东）产业互联网有限公司

翼集分（上海）数字科技有限公司

顺丰科技有限公司

北京三快在线科技有限公司

盐城市大数据集团有限公司

贵阳大数据交易所有限责任公司

深圳数据交易所有限公司

中国电子系统技术有限公司

北京数牍科技有限公司

杭州锘崴信息科技有限公司

翼健（上海）信息科技有限公司

蓝象智联（杭州）科技有限公司

度小满科技（北京）有限公司

北京易华录信息技术股份有限公司

杭州量安科技有限公司

杭州后量子密码科技有限公司

零玄宇宙（上海）科技有限公司

北京握奇数据股份有限公司

深圳致星科技有限公司

上海零数科技有限公司

深圳市洞见智慧科技有限公司

北京冲量在线科技有限公司

北京熠智科技有限公司

北京力码科技有限公司

上海同态信息科技有限责任公司

苏州数字力量教育科技有限公司

北京策略律师事务所

江苏安几科技有限公司

普华永道商务咨询（上海）有限公司

神州融安数字科技（北京）有限公司

上海斐波那契人工智能科技有限公司

浩鲸云计算科技股份有限公司

广州九四智能科技有限公司

神谱科技（上海）有限公司

深圳微言科技有限责任公司

厦门海峡链科技有限公司

中数智创科技有限公司

北京云集至科技有限公司

北京融数联智科技有限公司

杭州煜辰数智科技有限公司

前海飞算云创数据科技（深圳）有限公司

杭州安存网络科技有限公司

深圳数鑫科技有限公司

星环信息科技（上海）股份有限公司

天道金科股份有限公司

浙江浙里信征信有限公司

南京邮电大学盐城大数据研究中心

盐城优易数据有限公司

徽投（安徽）控股集团有限公司

深圳市信息服务业区块链协会

杭州微风企科技有限公司

参创人员（排名不分先后）：

汤寒林	邱凯达	丁红发	张　斌	郑　峥	刘巍然
李克鹏	刘　哲	方黎明	朱艳春	刘宏建	王天昊
王逸君	张志波	曹　宇	唐　凯	彭力强	蒋　俊
杨　蔚	夏正勋	吴叶国	强　锋	王超博	毛岱山
金　朵	程　勇	仵大奎	干　露	吴国雄	赖博林
李云亮	刘喜臣	唐俊峰	商庆一	胡君杏	刘　瑾
胡成锴	马福忠	金银玉	王　爽	郑　灏	李　帜
张霖涛	吴赵伟	张婷华	郭　欣	陈　鑫	蒋嘉琦
聂耀昱	赵　蓉	林镇阳	赵　川	张　峰	葛春鹏
谭　坤	张　培	肖　斌	李　超	王　瑶	唐嘉成
李　响	王同新	谢作伟	赵欣磊	徐单恒	张　威
王晓东	王　慧	冯刘豪	廖玉梅	兰春嘉	沈文昌
杨　珍	李　博	郑华祥	周岳骞	汤载阳	范学鹏
马经纬	戴建军	胡雪晖	黄国庆	姜　蒙	龚燕玲
陶瑞岩	于新宇	傅毓敏	黄耀驹	王　斌	李登峰
刘　伟	国德峰	曾晓锋	雷　朋	蒋美献	顾逸晖
庞理鹏	林庆治	伍镇润	戴　智	王　敏	孙　亮
由　楷	苏　澎	郭路建	宣淦森	袁　晔	王一沙
程　烨	洪　波	廖炳才	张　宠	郑定向	龙玺争
刘远骐	王武成	臧云龙	潘成挺	张　敏	

　　数据已成为世界各国的战略性资源，是重要的生产要素。守住数据要素流通的安全底线至关重要。党和国家高度重视数据要素的流通及其安全保障体系建设。

　　2019 年，党的十九届四中全会首次将数据作为与劳动、资本、土地、知识、技术、管理并列的生产要素，数据在经济社会发展中的重要地位以中央文件的形式确立下来。2020 年，党的十九届五中全会审议通过的《中共中央关于制定国民经济和社会发展第十四个五年规划和二〇三五年远景目标的建议》，将"数据价值化"列为数字经济的新构成，进一步确立了数据要素的市场地位。2020 年 4 月，中共中央、国务院印发《中共中央　国务院关于构建更加完善的要素市场化配置体制机制的意见》，明确提出了"加快培育数据要素市场""加强数据资源整合和安全保护"等战略性任务，并提出要提升社会数据资源价值，支持构建规范化数据开发利用的场景。国务院发布的《"十四五"数字经济发展规划》明确提出要加快数据要素市场化流通，创新数据要素开发利用机制，着力强化数字经济安全体系。可见，数据要素高效、安全、规范流通是促进数字经济发展最为关键的基础性工作之一。2022 年 12 月，中共中央、国务院印发《中共中央　国务院关于构建数据基础制度更好发挥数据要素作用的意见》，更是明确提出促进数据合规高效流通使用、赋能实体经济，同时统筹发展和安全，贯彻总体国家安全观，强化数据安全保障体系建设，把安全贯穿数据供给、流通、使用全过程，划定监管底线和红线。2023 年，中共中央、国务院印发《数字中国建设整体布局规划》，要求夯实数字基础设施和数据资源体系"两大基础"，推进数字技术与经济、政治、文化、社会、生态文明建设"五位一体"深度融合，强化数字技术创新体系和数字安全屏障"两大能力"。

在数据成为国家战略的背景下，数据要素流通要统筹发展与安全。但是，由于当前我国数据要素市场建设尚处于初级阶段，数据要素市场化配置机制不成熟，数据要素流通安全保障的机制体制、法律法规、技术规范等尚不完善，需要从多方面构建数据要素流通的安全体系，促进数据要素市场化的有序发展，支撑我国数字经济健康发展。构建数据要素安全流通体系，增强数据要素流通安全保护能力，成为事关国家安全、社会经济有序发展的重大战略问题。

面向日益严峻的数据安全时代新形势，本书主要阐述当前数据要素安全流通的内外驱动力及数据流通的形式及特征、机制、关键技术、产业生态、实践应用等方面的内容，探析国内外数据流通行业法律法规、政策标准、技术方案等多维度发展现状，梳理数据要素安全流通框架及核心技术，深究数据要素安全流通面临的痛点和问题，构建数据要素流通产业生态链图谱，展现新形势下的数据要素安全流通优秀实践案例，基于数据开放、共享、交易、跨境流通4个不同场景，分析归纳数据要素在多个应用领域的技术创新性，探讨数据要素安全流通产业的发展困境与挑战，并针对性地提出未来展望和建议。本书力图尽可能全面、系统地呈现当前数据要素安全流通的发展现状，帮政府、企事业单位、社会团体等抢抓新机遇，提升数据要素开发应用水平，并努力为社会经济高质量发展赋能，持续推进数据要素市场化配置改革。

本书主要面向各类社会组织中从事数据要素流通、数据安全、数据治理等工作的管理、科研、技术研发人员，期望能为数据要素流通相关的政策、法律和标准制定提供参考，为相关技术和产品研发提供思路，为相关人员交流提供基础平台。

由于编写时间仓促，书中难免会出现一些错误或者不准确的地方，恳请读者批评指正。

| 目 录 |

1

第1章

为什么数据需要安全流通

　　数据要素是以电子方式记录的数据资源，它会参与社会生产经营活动并带来经济效益。数据来源广泛，在数据流通中扮演重要角色。2022年6月22日召开的中央全面深化改革委员会第二十六次会议明确指出，数据作为新型生产要素，是数字化、网络化、智能化的基础，已快速融入生产、分配、流通、消费和社会服务管理等各个环节，深刻改变着生产方式、生活方式和社会治理方式。

　　数据的流通是充分发挥数据价值的基础，而流通与安全密不可分。数据流通安全是国家安全的重要组成部分，对促进数字经济的发展有着重要的作用。

　　当今世界数据体量爆炸式增长，数据产业市场规模不断扩大，全球进入数字经济时代。各国都在积极部署数据战略，成立国家级数据管理部门或部署国家级数据服务平台，在国际数据流通中抢占数据主权；加速颁布数据相关政策法规，重点关注数据的安全流通；探索数据交易市场新模式，大力推动数据要素市场化配置；隐私保护技术应运而生并得到迅猛发展，成为各行各业研究的热点。然而，数据流通也面临着"数据壁垒"、技术不足等问题，促进数据安全流通的道路不仅有阻碍而且很长。

1.1 数字经济新发展机遇

在大数据时代背景下，当前数字经济正处于蓬勃发展的阶段，大量相关的企业如雨后春笋般涌出。数字经济的核心是数据资源，人工智能、云计算、区块链等新兴技术无一不是以海量的数据为基础。对于一个国家而言，数据是重要的战略资源，是一个国家安全和发展的核心依赖之一，同时数据安全也是国家安全的重要组成部分。数据主权可以理解为一个国家对数据的拥有权和掌控权，是一个国家软实力和综合竞争力的体现，是国家主权的演化。所以抢占数据资源战略高地、维护数据主权，对于国家数字经济的发展有重要的战略意义。

为了维护数据主权、促进本国数据要素市场的发展，各个国家出台了不同的政策。比如，美国凭借发达的信息科技产业而拥有大量数据资源，强大的数据供给能力促进了其数据要素市场的形成。在数据监管方面，美国通过建立政务开放机制、发展多元数据交易模式等来规范数据市场的发展。再比如，欧盟中各成员国作为一个整体，在数据规模上拥有一定优势，为了维护数据主权，同时促进数据要素的流通与共享，欧盟提出专有领域数字空间战略，其中德国为实现各行各业数据互通以及数据安全，提出通过构建数据空间来实现行业数据安全可信交换。

我国移动支付、网络购物、共享经济等数字经济蓬勃发展，数据要素市场正处于高速发展阶段，所以加强数据监管、维护数据主权至关重要。近年来，我国出台多项政策文件，明确提出要加快培育数据要素市场、促进数据的市场流通，加快构建数据要素市场规则，探索合理的数据交易模式和数据资产定价机制。此外，我国重视数据安全治理，不断加强立法及强化执法，2020年和2021年颁布的有关数据安全的法律较前几年增长近2倍。可以通过这些法律提高数据安全保障能力，维护国家安全。

数据中心在数据存储与云计算中扮演着重要的角色，是争夺数据战略资源高地的基础。我国目前数据中心的数量位列世界第二，但占比仅有15%。为了维护数据主权，我国于2022年2月正式全面启动"东数西算"工程，规划在全国建立10个数据中心集群，并在京津冀、长三角、粤港澳大湾区、成渝、内蒙古、贵州、宁夏、甘肃建设8个数据算力枢纽节点，着力打造全国的算力网。

这对于数字经济的发展有重要的战略意义。

从世界各国在数据主权问题上公布的一系列措施和政策中可以看出，数据主权对于一个国家至关重要。美国著名政治学者小约瑟夫·奈在《理解国际冲突：理论与历史》一书中指出，一场信息革命正在改变世界政治，处于信息技术领先地位的国家可获取更大的权力，相应地，信息技术相对落后的国家则会失去很多权力。数据资源可以看作 21 世纪的"石油"，数据资源经过合理处理可以提高生产力、优化资源配置、推动数字经济的持续发展。数据安全流通离不开法律法规的支持，政策法规能够促使数据安全流通的建设更加完善。

1.2 政策法规逐步趋严

各个国家之间数据主权的争夺愈演愈烈，2013 年"棱镜门"事件更是给各国政府敲响警钟，各国开始审视本国数据战略，加速数据安全保护立法，力图在数据主权争夺战中抢占先机。据联合国贸易和发展会议（United Nations Conference on Trade And Development，UNCTAD）2021 年 12 月的统计，在全球范围内，制定了保护数据和隐私法律的国家占 69%，正在起草相关法律的国家占 10%，可见在数字经济时代背景下，世界各国都高度重视数据安全治理，通过颁布政策法规、加强关键信息基础设施保护、加强监管执法等措施全面强化数据安全保护能力，以应对日益严峻的数据安全威胁，为数据安全流通保驾护航。

1.2.1 中国

我国关于数据要素市场化配置方面的政策正在逐步深化，从强调加强数据安全发展到明确提出建立数据资源产权和交易流通等基础制度和标准规范，并进一步发展到提出加快培育统一的技术和数据市场。政策的深入体现了我国在数据安全、数据流通、数据要素市场上的发展战略，也为数据安全、数据要素等法律法规的制定和颁布奠定了基础。

我国近年来在国家治理层面颁布了一系列与数据监管相关的法律法规。基本的法律法规构建了数据合规的基本立法体系，并向下延伸出多项基本制度，这进一步在法律法规层面夯实了我国数据合规和隐私保护的规范体系。总体而言，我国数据合规立法体系兼具综合性、创新性、多层级性，法律规定的数据安全保护范围广泛，首创符合国情的数据保护新措施。我国的法律法规自上而下全方位构建了数据安全保护体系。各省市政府积极响应中央政策，推进省市级数据管理条例的发布。此外，国家各行业、各领域也积极发布与数据安全相关的各类指南文件，其中金融、工业、医疗、交通等领域在这方面的探索和建设相对领先。

随着数据价值的不断凸显，在实现数据合规流通、数据价值最大化挖掘的过程中，配套技术标准也在陆续发布。近年来国内标准化组织一直积极制定数据保护和数据流通技术标准，快速推进标准化体系建设工作，为数据流通市场奠定了标准化基础。从行业领域来看，金融、工业、政务、交通、医疗、电信等行业都相继制定了数据安全标准，各行业结合不同业务场景出台了不同细化程度的行业标准。

总体上看，我国在数据安全、数据流通方面的政策、法律法规、标准全套体系日趋完善，正在逐步修复数据安全相关漏洞。全国各地、各领域都对数据资源加倍重视，数据安全监管机制已初步形成。

1.2.2 欧盟

欧盟发布了《欧洲数据保护监管局战略计划（2020—2024）》，旨在从前瞻性、行动性和协调性三方面继续保护个人隐私、加强数据安全。针对跨境流动中的数据保护问题，欧盟发布了《为保持欧盟个人数据保护级别而采用的数据跨境转移工具补充措施》。

欧盟通过近年来的一系列立法举措，从个人数据保护规则、数据产权和交易规则、数据自由流动规则、数据安全规则和数据开放共享规则五个方面建立了统一的数据法律规则。欧盟对数据的管理以综合性立法为主，从《欧洲人权公约》到《第 95/46/EC 号保护个人在数据处理和自动移动中权利的指令》，再到《通用数据保护条例》（*General Data Protection Regulation*，GDPR），他们的数据保护法经过了数十年的发展沿革，最终形成了现有的突破地域的综合性法律体系。其中，GDPR 对原有数据保护体系进行了补充和更新，对于数据采集的标准和义务做出了更加详尽的规定，对其他国家和地区数据权益制度的构建和完善产生了深远影响。

1.2.3　美国

美国发布的《联邦数据战略与 2020 年行动计划》，以 2020 年为起点描述了美国联邦政府未来 10 年的数据发展愿景，核心目标是将数据作为战略资产加以利用。该战略与《数据科学战略计划》（2018）、《美国国家网络战略》（2018）、《美国先进制造业领导力战略》（2018）等联邦战略互为补充，致力于"维护全球数字化转型背景下的数字领导地位"。

立法层面美国以《澄清境外合法使用数据法案》（*Clarifying Lawful Overseas Use of Data Act*，简称 CLOUD 法案）为主。CLOUD 法案确立了以数据自由为核心的数据主权规则。美国在数据保护方面的立法具有较强的分散性，美国联邦层面未能形成统一的法律体系，而是采用不同行业分散立法的模式，在电信、金融、医疗、教育等领域都有相应的立法来对数据要素市场进行监管。另外，美国各州立法分化，法律地域性较强。

总体而言，世界各国都在积极制定数据安全国家战略规划，从个人信息保护、数据跨境漏洞监管、数据市场治理等各方面对数据安全进行法律法规层面的保护，确保数据安全合规流通。在国际组织层面，联合国也致力于推动数字通用连接，促进数字技术成为公共产品，保证数字技术惠及所有人，支持数字能力建设，保障数字领域尊重人权，建立数字信任和安全，以应对来自人工智能的挑战。

尽管世界主要国家都高度重视数据安全，但因国情、关注点、治理能力不同，所以各国维护数据安全的政策法规、治理机制、应对措施等不存在统一模式，而是展现出各自的发展特色。有些发达国家凭借技术与产业优势试图通过"长臂管辖"式法律法规实现数据主权的超地域延展；有些发达国家经过多年发展形成了强调"数字团结"且外紧内松的统一数据治理框架理念；广大发展中国家因起步较晚，现行的法律法规和治理措施倾向于对本国数据主权的保护，目的是避免本国数据受外国监视或调取，充分体现了"数据防御主义"。

1.3　数据要素市场化要求数据安全

近年来国家高度重视数据要素及其市场化配置。这项系统工程的关键在于，让数据资源流向最需要的领域和方向，在社会生活和生产经营中产生收益，以充分释放数据要素的价值。然而，数据要素价值实现与数据安全的冲突日益加剧，如何统筹兼顾发展和安全的关系，成为当前核心议题。数据安全作为数据市场化过程中必须守住的底线，也是制约数据市场化发展的天花板，它会掣肘数据的流动和应用，这一点需要重点关注。

数字经济和新一轮科技革命正在成为引领世界经济发展的新增长极，数字经济上升为国家战略。中国信息通信研究院发布的数据显示，2021 年中国数字经济规模已达 45.5 万亿元，占 GDP 的比重为 39.8%。围绕数据开展的基础设施规划和建设、数据资产的整合、数据的分析处理以及数据开放共享和数据安全，铸就了大数据产业发展的核心要素。

自 2011 年互联网公司实验大数据技术以来，经过十余年的蓬勃发展，大数据技术已经步入成熟阶段。互联网数据中心（Internet Data Center，IDC）预测，2025 年中国的大数据硬件市场将稳定增长，市场占比将达到 40%，超过软件和服务占比；大数据软件市场占比将逐年提升，2025 年超 30% 的市场支出将流向软件。中国大数据网对大数据软件市场的进一步细分做了独立研究：在 2021 年中国大数据软件市场的支出中，大数据基础设施占比为 42%，大数据分析占比为 30%、大数据应用占比为 28%。由此推算，2021 年中国大数据分析市场支出为 10 亿美元，2025 年有望超过 22 亿美元。

据 IDC 预测，中国大数据市场 2021 年整体规模超 110 亿美元，且有望在 2025 年超过 250 亿美元，呈现出强劲的增长态势。大数据产业的蓬勃发展是社会进步的必然结果，在数字经济的大背景下，数据的生成、获取、复制、消费呈现指数级发展的趋势，推动着大数据产业的急速发展。

大数据在业务需求和技术创新的结合中蓬勃发展，物联网和数字化相关入网设备的数量呈现指数级增长，这些设备会源源不断地产生各类数据；数字化的发展浪潮更是让每个人的消费模式和消费观念发生了质的变化。同时，人工智能技术的快速发展对数据提出新需求，尤其是深度学习神经网络的发展对数据的需求极大。大数据产业的迅猛发展对数据流通的安全提出更高的要求。

结合数据的特征以及数据行业的发展现状可推知，目前数据安全流通主要存在数据信息泄露风险、数据存储管理风险、数据传输安全风险、数据滥用法律风险。这些风险涉及的数据有三种状态——存储状态、传输状态和使用状态。数据的价值与其动态性是不可分割的，即有价值的数据一定处于动态之中。因此保护数据安全流通意义重大。

数据安全流通可助力数据要素市场化配置，也是防范数据泄露的突破口，还能够促进多方数据安全合规协作，促进数据行业进入新的发展阶段。针对当下巨大的商业需求和行业现状，需要快速发展数据共享和隐私安全保障技术升级，构建高效、安全的数据流通方案。

1.4　数据流通技术迭代发展

科学技术是支撑和推动产业升级与创新的原动力。近年来，信息技术、大数据、密码学、区块链、可信硬件、人工智能、云计算、物联网、网络安全等技术以及算力均得到了前所未有的发展与突破。这些技术发挥各自的特点，可以在数据安全流通的各个环节发挥作用，巧妙地解决数据流通过程中存在的问题和挑战。数据安全流通过程中，隐私计算技术、区块链技术起到了关键的支撑作用。

如今隐私计算技术在国内外都进行了试点，试点场景主要集中在联合风控、联合营销、反欺诈等方面。在数据跨界共享过程中，隐私计算技术有权属分离、数据价值最大化、用法用量"可控可计量"的优点，这使得数据共享交易更加安全便捷。此外，基于同态加密的隐私计算技术作为密码学中一种特殊加密模式被应用，相较于其他加密模式，该加密模式能够在不改变业务流程和数据流程的前提下以最小的成本来改造系统，从而降低数据合规成本。基于同态加密的隐私计算技术有效弥补了技术安全漏洞，实现了隐私数据的全面开发利用。

区块链技术是国家数字产业和新型基础设施的重要组成部分，在《中华人民共和国国民经济和社会发展第十四个五年规划和 2035 年远景目标纲要》（简称"十四五"规划）中被列入七大新兴数字产业。区块链技术在数据流通中，可对数据的产生、存储、流通阶段进行支撑和赋能，在数据流通前打通数据孤岛、明晰数据权属、提升数据质量，在数据流通过程中保障数据安全、记录流转过程、形成监管闭环。区块链技术已逐渐得到行业认可，有望跨产业联通，构建多方协作的可信网络，加强国际协作，引领新一轮产业融合。

在数据安全流通过程中，隐私计算技术并非是合规的全部内容，还需要综合管理和技术，包括从源头上把握合规、设计分工配合机制、动态评估全流程风险、保证技术方案安全、明确计算模型的归属、关注产出结果的合规性、关注自动化决策的风险、建立日志审计和监督机制等各类管理制度和合规方案。

我国高度重视数据安全流通，而这需要硬核技术的支撑。在数字经济时代，数据规模迅猛增长，人们对数据安全的重视程度不断提升，数据安全政策层出不穷，合规会带领技术和产业创新，拉动数据安全流通核心技术与产业的发展。

第 2 章

数据安全流通产业的挑战

数据安全流通面临诸多问题，包括国际、国内的问题，以及来自技术、政策、法律、产业生态等多方面的挑战，这些挑战成为数据安全流通产业的发展瓶颈。如何深入、准确把握这些挑战，成为针对性提出解决方案的前提。本章主要对这些关键性挑战进行分类剖析，为相关机构提供借鉴。

2.1 国际挑战

数据从国家内部跨越国界流转到其他国家，会增大数据活动场景的复杂性，加大数据安全的监管难度。

1. 国家数据权属边界挑战

在大国博弈持续加剧的今天，数据作为国家重要的生产要素和战略资源，跨境流动会带来安全隐患：流转到境外的情报数据更易被外国政府获取；国家战略动作易被预测，陷入政策被动；以数据为驱动的新兴技术领域的竞争优势将被削弱。

当前，数据贩卖、数据无序竞争等行为频频发生且屡禁不止，此类数据安全乱象均是由于数据产权未确立、数据权利边界不明晰、数据利益分配模式存在缺陷所致。数据产权建设是数据安全治理的基础部分，也是数字经济健康有序发展的必要条件。"十四五"规划明确提出要加快建立健全数据资源产权基础制度。然而，由于数据的类型复杂、边界模糊、性质多样，数据相关权利体系复杂甚至冲突，导致数据产权确立困难。

2. 国家重要数据安全挑战

具有政治背景的某些黑客逐渐加大对他国关键信息基础设施的攻击力度，试图获取他国机密数据。

某些国家出台"分层威慑战略"政策，直指他国，并授权相关部门对他国主动发起网络监视和侦察。

3. 国际数据规则话语权挑战

某些国家可能以拉帮结派的形式组成"共同体"，构建所谓的网络安全联盟。他们的目的是掌握数据安全规则制定主导权，并有可能以危害国家安全等为由，将一些他们不认可的国家排除在全球数据安全治理体系之外，并可能针对一些特定国家制定数据安全审查规则，在数据安全领域形成对其他国家的"包围圈"。

2.2　国内挑战

数据的安全流通在国内也面临着诸多挑战，这主要体现在如下几个方面。

1. 数据权属不清引发的挑战

无序的、低效的、无用的信息轰炸，往往会给个人带来"信息过度"的不佳体验。在数据成为财富的驱动下，数据面临权属日益复杂和难以界定的挑战。加强个人信息权利的保护和国家、政府、企业及各组织数据权利的界定，科学评断数据侵权，是必由之路。数据权属问题归根是数据产权问题，所以需要针对不同来源的数据，厘清各数据主体之间错综复杂的权利关系，并通过法律制度等方式明确数据产权的归属。

2. 数据滥采滥用引发的挑战

对数据过度采集、违规收集、滥用个人信息的惩治力度需要加大，但是过于严重又有可能带来更多的争议，进而影响数据的合理利用。但是不可否认，很多互联网平台存在超范围收集个人信息，违法违规使用个人信息等问题。目前我国不少手机 App 存在强制超范围收集用户信息的情况。针对个人信息面临的安全问题，我国规范了个人信息控制者在收集、存储、使用、共享、转让、公开披露等信息处理环节中的相关行为，旨在遏制个人信息非法收集、滥用、泄露等乱象，以求最大化保障个人的合法权益和社会公共利益。

3. 数据割裂现象引发的挑战

在企业信息化建设过程中，投入建设的各业务管理系统独立运行，分属不同部门。为了实现真正的数据共享，需要实现高效的系统集成。政务服务部门也面临着同样的问题。办理一项业务就需要下载一个 App，而相关的信息分散在不同部门中，部门之间需要相互查询，且需要权限。这些"数据孤岛"问题严重影响了政府服务的数字化转型进程。

数据作为一种特殊资产，它的所有权和控制权（使用权）存在分离的情况。这导致在数据共享交换的层面上，我们面临着无法满足其安全共享和开发的困境。在数据通过共享、交换等过程离开组织之后，跟踪与溯源问题变得更加困难。为了打破这些壁垒，我们需要在数据权益与数据提供者之间安全、高效、科学地进行匹配。

2.3　技术挑战

那么在技术层面，数据要实现安全流通，会面临哪些挑战呢？

1. 数据量剧增和类型多样化的挑战

据 IDC 预测，2018 年到 2025 年，全球产生的数据量将会从 33ZB 增长到 175ZB，复合增长率达 27%，其中超过 80% 的数据都会是处理难度较大的非结构化数据。预计到 2030 年全球数据总量将达到 35 000EB。

随着新兴技术的快速发展，全球各大科技公司也提高了对非结构化数据的重视程度。非结构化数据与结构化数据相比，最本质的区别包括 3 个方面：非结构化数据的容量比结构化数据要大；非结构化数据产生的速度比结构化数据要快；非结构化数据的来源具有多样性。人工智能、机器学习、语义分析、图像识别等技术需要大量的非结构化数据来开展工作，如何挖掘非结构化数据的价值并进行流通也是我们要面对的课题。

2. 数据流通平台层面的挑战

数据流通面临的技术挑战主要包括互联互通技术、互操作技术、安全技术、隐私计算技术等，尽管现在已经有大量相关的技术，但它们在功能、性能、安全性、易用性、硬件依赖、计算精度等方面还有待完善或提高。互联互通技术能打破数据孤岛，但也容易造成由多个孤岛连接成数据群岛，无法在真正意义上做到数据的流通。而且由于不同的隐私计算平台可能采用了不同的技术和不同的系统架构方案，并且很多隐私计算平台都是自主研发设计，包含数据加密、计算逻辑以及交互等流程，这些对外都不能开源，所以也会造成数据难以流通。

3. 异构隐私计算平台层面的挑战

目前行业内有多种隐私计算平台，包括蓝象 gaia、开源 fate、字节 fedlearner、蚂蚁隐语等，这些平台都各自部署了很多的节点，链接了各自的优势场景及数据。但在这些场景及数据之间要建立隐私计算应用，就面临部署多套隐私计算节点的情况，这会造成大量资源浪费。另外，要想在各个异构隐私计算平台间实现互相联通，就需要有中立机构制定技术连通规范。技术连通后在具体商业应用中可以对多个异构隐私技术平台间的商业利益进行分配。

2.4 政策与法律的挑战

当前，数据作为新型生产要素，已和其他要素一起融入了我国的经济价值创造体系，成为数字经济时代的基础性、战略性资源。由于数据要素具有不同于其他要素的特点，现阶段存在权属界定不清、流转无序、安全保护不足等问题，这就需要国家有关部门制定有效政策法规和监管措施，建立完善的标准体系，来确保数据的规范化使用以及安全、合规流通。

1. 国家政策和法律层面的挑战

实现数据要素市场化配置是我国数字经济发展的必经之路，我国早在 2014 年就开始布局数据生产要素配置，多个地方先行试点。

目前我国有关数据方面的法律法规、部门规章主要集中在政府数据开放、个人信息保护和数据交易流通等方面，已经出台的法律法规有《中华人民共和国民法典》《中华人民共和国政府信息公开条例》《中华人民共和国网络安全法》《中华人民共和国数据安全法》《中华人民共和国个人信息保护法》(后面分别简称《民法典》《政府信息公开条例》《网络安全法》《数据安全法》《个人信息保护法》)等,这些法律法规在一定程度上强调了对个人和数据的保护,规范了数据流通的合法性,但落地差距较大。

导致落地差距大的主要原因有两个。一是政策、法律法规颗粒度比较大,在实际操作中缺乏具体细则。这方面的问题需要通过进一步细化现有法律法规来解决。二是在数据交易、数据流通方面的政策、法律法规缺失。目前我国还未出台关于数据交易和流通的专门性法律法规,数据交易流通规则也尚未建立,各地的数据交易所并未发挥数据中介的优势,有些甚至处于停止运营或半停止运营状态。

2. 行业监管层面的挑战

平台企业基于互联网技术进行数据的收集使用,并始终在快速迭代的技术和产品中探索全新的数据处理模式,这对监管制度的革新速度提出了高要求。近年来数据隐私泄露等事件频发,这反映出数据要素市场存在的技术安全风险,也从侧面反映出我国监管力度不到位。一方面是缺乏监管措施,目前没有可以依赖的条例对数据采集、存储、加工、交易、共享过程中可能涉及的公共安全事件进行监管。如何通过监管数据流通过程中的关键信息(如确权信息、授权信息、流转记录等)来发现异常、违规或违法交易,在发现这些交易后如何对所涉主体进行管理,目前也是没有可以依赖的透明化监管机制。另一方面是监管模式不明确,目前没有适用的透明的数据交易监管机制。区块链技术具有防篡改、可追溯等特点,是否可以依赖区块链的存证对数据流通过程进行监管,通过大数据和人工智能技术对存证数据进行分析,进一步加强监管审查能力,这些都还有待验证。

另外对于数据在流通过程中的安全,目前同样没有具体的监管机制。要确保流通中数据的安全,就需要定义安全标准,在当下法律法规和标准体系不完整的状态下,监管无从下手。

3. 数据流通标准体系层面的挑战

目前,金标委、信安标委、中国通信标准化协会、IEEE、ITU-T、ISO 等多个标准化组织正在为数据流通开展技术标准研制工作。这些标准旨在在顶层设计、基础支撑、技术方向、产品工具、合规管理及行业应用等方面构建完整体系。虽然国内已经完成了一系列的标准化工作，但由于场景强相关性、高安全性、轻量化与定制化无法兼得，因此在数据平台互联互通场景下，各家隐私计算平台的配置、接口、技术等存在差异。要想实现数据跨平台流通，就要定义统一的数据格式、接口规范、标识等。目前来看，标准体系还需进一步完善。目前尚未形成具有适应性、权威性、科学性、有量化指标、可操作性强的标准，因为标准在制定时还需注重实施效果。

在当前整个数据流通标准体系建设过程中，还没有系统性的标准来规范数据的清洗、脱敏、脱密、格式转换、流通方式、安全处理、完整性等。这就造成了数据在流通之前可能就存在不合法、不合规的情况。此外，对于数据的质量，特别是公共数据质量，缺乏明确的要求。这也将导致数据在流通前存在管理不规范、评估不规范的情况，无法实现数据的价值。同时，数据流通相关规范不完善，将给政府、企业、公众的数据共享造成阻碍。

2.5　产业生态挑战

产业生态方面面临的挑战主要表现在如下 3 个方面。

1. 产业发展阶段自身变化剧烈

大量数据交易平台和全社会认可的数据流通交易行业实现模式的出现，让大数据流通交易面临的问题日益突出。在缺乏利益引导和监管的情况下，数据侵权、数据被盗、非法数据使用以及非法数据交易等行业乱象频发，甚至处于失控状态。这些大数据流通中的问题不仅严重损害了国家安全、企业合法利益、个人隐私、数据价值，而且在本质上阻碍了大数据产业的全面发展。

自 2015 年以来，电信诈骗、数据泄露、非法倒卖数据等案件频发：个人身份信息等数据泄露，使不法人员可利用大数据实现准确诈骗；微博和各类论坛等产品非法获取用户个人数据，导致用户社会关系泄露。第二次倒卖企业积累的数据也导致企业经济利益受损。

以国有数据资源和公共数据资源为主导的有形数据被冰封，而数据交易黑市规模庞大，非法收集、窃取、贩卖、利用用户信息的行为猖獗，甚至形成了一条一站式的产业链。建立流通数据的监管、追溯和标识体系，建立行业秩序和规范行为模式，打击非法流通数据，保护企业和个人利益，维护行业健康发展，迫在眉睫。

2. 产业供应链安全风险巨大

目前个别国家毁坏契约，打破开源规则动辄要管制他国。政府、军队等领域，考虑到政治和国家安全，无法信任国外厂商的 TEE（Trusted Execution Environment，可信执行环境）产品。数据安全流通产业供应链的技术底层，仍然面临较大的风险。加速推进国产自主可控替代计划，构建安全可控的技术信息体系，需要所有行业的共同努力。

3. 数据交易黑市、滥用和诈骗

如今用户数据的窃取与交易已经发展得相当成熟，在整个数据交易过程中，内鬼、黑客、爬虫软件开发商、清洗者、加工者、料商、买家等一应俱全，这直接催生出一个"年产值"上千亿元的数据黑市。

用户数据被黑客通过技术手段盗取之后会流入数据黑市，并通过数据中间商完成交易。从信息收集到信息售卖再到信息利用，每一个交易环节环环相扣，而由此产生的"灰色产业链"让人难以估量。在"净网 2020"专项行动中，全国公安机关侦办黑客攻击及新技术犯罪案件 1 782 起，共有 2 952 名涉案黑客被抓获。不过这显然只是冰山一角，事实上还有更多的黑客依然潜伏于地下，数据交易黑市还在运行。

第 3 章
深入理解数据安全流通

数据要素的流通与传统生产要素的流通相比差异巨大，这是数据的本质特征决定的。本章主要对数据要素的特征进行解读，并进一步分析数据流通的形式和特征，解构其流通的体系架构。

3.1 数据要素解读

数据要素需要经过资源化、资产化后才能产生实际应用价值，通过资本化可实现数据价值增加。为了更好地理解数据要素的演化过程，本节主要阐述相关概念及其区别，并分析数据要素的特征，解析其与其他生产要素相比的独特性。

3.1.1 数据资源化、资产化与资本化

在探讨数据要素价值时，一般会遵循资源化、资产化及资本化三大阶段，并对其中的价值驱动因素进行剖析。

数据资源化指将无序、混乱的原始数据开发为有序、有使用价值的数据资源的过程，包括数据采集、整理、分析等行为，最终形成可用、可信、标准的

高质量数据资源。**数据资源化阶段的数据资产尚未体现出完整的场景应用价值，因此影响数据资产价值的因素除成本外，主要为数据资产的质量。**

数据资产化指在既定的应用场景和商业目的下，对数据资源进行加工，形成可供企业部门应用或交易的数据产品。**在数据资产化阶段，数据资产具备场景赋能的特性，可预期产生经济利益，并形成数据交换价值。**

数据资本化是在数据资产化的后期阶段为数据资产赋予金融属性的过程，主要有两种方式，即数据信贷融资和数据证券化。**数据资本化是拓展数据价值的途径，本质是实现数据要素的社会化配置。**

从资源、资产到资本，是数据要素实现质的飞跃的过程。实现数据资本化关乎数据价值的全面提升，是实现数据要素市场化配置的关键所在。

3.1.2　数据要素的特征

数字经济已进入数据资源驱动的新时代。发展数据安全流通技术，培育数据要素市场，促进数据交易流通是经济社会创新发展的必然要求。然而，由于数据的法律属性和产权规则在理论和立法层面长期未能清晰界定，导致规范有效的数据交易流通市场始终未能真正形成。因此，数据要素的社会经济价值仍存在巨大的可挖掘和提升空间。

数据具备分散性、多样性、易复制性、时效性等特性，使得数据成为一种新的生产要素后表现出如下主要特征。

- ❏ 来源比较分散且多元化。**数据可能来自个人、企业、政府、各类社会团体组织以及机器设备，这些数据是结构化、半结构化或非结构化的数据。**

- ❏ 易获取且易传播。**数据是易复制的，且有多种传播途径，这些途径突破了地域和时间的约束，让数据具有较高的流动性和可获得性。**

- ❏ 隐私性和安全性并存。**数据具有"看见即泄露"的特点，数据的隐私安全关系到个人隐私、企业机密，甚至国家安全。**

- ❏ 相关主体比较繁杂。**数据要素的主体有很多，如数据产生者、数据存储者、数据处理者、数据应用者等。**

- ❏ 权属复杂。**如用户在平台上产生数据，平台方可对数据进行采集、加工处理等，对数据及其衍生产品的权益如何界定暂无相关法律法规。**

❑ **价值后验性突出**。在经过加工变成有价值的数据后,数据可应用于智慧城市、智能制造等,同时数据可以供多个主体重复使用。数据要素新增的产出或收益不随使用次数增加而减少,边际成本相对较低。

❑ **具有时效性**。数据价值会随时间变化而变化,数据产生得越久远,它的价值可能就越低,而对于大量的新数据来说可研究性强,具有前瞻性。

❑ **具有融合性**。数据要素可深度融入劳动力、资本、技术等每个单一要素,如人才大数据、金融科技大数据、知识产权大数据等。数据可以驱动制造业、服务业、农业完成数字化转型升级。

时至今日,数据作为数字经济时代最为核心的生产要素,在社会生产、生活方面的巨大价值已经不言而喻。数据要素价值的充分发挥在于其有效流通、共享,这已经成为人们的共识。

3.1.3　数据要素的独特性

作为一种全新的生产要素,数据无论是在产权界定还是交易规则方面都与土地、资本、劳动、技术等传统生产要素存在本质区别,数据要素的交易流通规则也必然存在自身的特殊性。

传统生产要素在交易流通中的价值会大幅降低,而数据要素则不然。一个使用者对数据的利用并不会影响其他使用者的使用,即增加一个数据利用主体不会减少任何其他主体对数据的使用。之所以在数据交易中无须过分强调和关注所有权的转移问题,是因为数据天然具备非竞争性和非排他性。传统生产要素会折旧且规模报酬递减,越用越少,而数据要素不会折旧,具有规模报酬递增和边际成本为零的特性。也就是说,数据要素越用越多,越用越好。

因此,传统生产要素交易规则下的所有权转让模式不适用于数据要素,明确数据交易流通的价值,探索数据交易流通的可行模式,构建保障各方主体权益的规范性制度,对于加快培育数据要素交易市场具有重要的现实意义。

3.2　数据流通的形式及特征

在数据流通过程中,参与主体不同,会导致数据流通的内容和形式有巨大不同。本节主要针对这一问题展开讨论,对数据流通形式和特征进行阐述。

3.2.1 数据流通的 3 种类型

流动的数据才能产生价值。目前,数据流通类型主要包括数据开放、数据共享和数据交易。

1. 数据开放

数据开放指政府向其他社会主体开放数据,包括政府体系内部不同部门、不同层级政府之间互相开放数据,也包括政府向企业或公众开放数据。这是政府数据由内向外流动,带有公共服务属性的一种数据流通类型。涉及的主体包括数据提供方、数据使用方以及政府数据管理机构,而每个政府部门可能既是数据提供方又是数据使用方,当然数据使用方还包括市场和社会主体,比如企业、高校、研究机构、社区、公众等。

在政府数据开放共享方面,现阶段以国家电子政务网站为平台,构建面向各部委、省区市政务数据的纵向共享体系,以及以部委、地方政府为主体,对社会进行横向数据共享开放的体系。政府数据具有范围广、种类多、价值高等特点,政府数据开放可以为数据市场主体提供极具市场价值的要素资源。从政府数据公开程度的发展形势来看,各国均在进行战略布局,如美国在 1996 年就颁布了《信息自由法修正案》,提出"政府信息公开"机制,2009 年签署了《开放透明政府备忘录》,并构建了政府数据开放平台。我国发布了《政府信息公开条例》,之后在《促进大数据发展行动纲要》中提出政务数据开放共享的必要性。

据国家工业信息安全发展研究中心统计,国家电子政务网站接入的中央部门和相关单位共计 162 家,接入的全国政务部门共计约 25.2 万家[⊖]。随着国家政策的引导以及各地数据开放体制机制的完善,我国地方政府数据开放平台数量和开放的有效数据集数量呈现爆发式增长。截至 2020 年,全国已有 12 个省区市及地级政府举办了开放数据利用活动。政府数据开放共享,有助于打造阳光政府、智慧政务、便民政府。通过数据开放共享,社会各主体获得了便捷的政务服务,提高了业务处理效率。目前已有多个城市建设智慧政府,如北京市的"一网统管"、上海市的"一网通办"、广东省的"数字广东"、杭州市的"城市大脑"、山东省的"云网数用"、辽宁省的"一网协同"、福建省的"一网好办"

⊖ 参见由国家工业信息安全发展研究中心于 2021 年发布的《中国数据要素市场发展报告(2020 ~ 2021)》。

等都是这方面的代表。

2. 数据共享

数据共享指政府数据授权共享以及在企业之间的流动。2016年，国务院印发《政务信息资源共享管理暂行办法》，其中提出加快推动政务信息系统互联和公共数据共享，增强政府公信力，提高行政效率，提升服务水平，充分发挥政务信息资源共享在深化改革、转变职能、创新管理中的重要作用。公共数据的共享是有条件的共享，需要经过授权才能被使用。对于政务数据，首先各委办局将数据编制成统一的数据目录，其他委办局在共享平台上检索到对应数据表后可向提供部门提出授权申请，授权通过后即可获取相应数据，使用部门按授权的范围使用共享数据（提供部门在向使用部门提供共享数据时，应明确数据的共享范围和用途）。该数据共享方式鼓励采用系统对接、前置机共享、联机查询、部门批量下载等方式获得数据，使用方在获得数据后与自己的数据进行联合分析。

从企业层面看，2020年4月出台的《工业和信息化部关于工业大数据发展的指导意见》提出，支持优势产业上下游企业开放数据，加强合作，共建安全可信的工业数据空间，建立互利共赢的共享机制。从实践看，微信、支付宝、抖音等互联网平台集聚了海量的用户，基于隐私计算、匿名化或去标识化等方式，在保障用户数据隐私和平台运行安全的基础上，通过开放接口的方式将数据和流量向中小应用平台开放，这种共享方式是互利共赢的。通过数据共享，互联网平台可以丰富自身产品生态，而中小应用平台在获得数据服务的同时，可以为社会主体提供个性化服务或其他服务从而获得收益。由此可见，数据共享有利于加快市场数据的流通，从而实现数据价值。对于金融机构、保险机构来说，数据共享有利于实现联合风控、联合营销、监管等。

尽管数据共享在提升供应链协同效应和产业竞争力方面有明显的带动作用，但与政府数据开放共享程度相对比，企业数据开放共享仍处于较低水平。另外，数据共享时需要支持数据的权限管控、加密、签名等功能，以实现防越权、防泄露、防篡改，同时可以引入区块链、数字水印等技术，确保数据在共享前可以确权，在泄露之后可以追溯。

3. 数据交易

数据交易指政府与企业或企业与企业之间通过隐私计算或去标识、匿名化等方式就数据所有权进行交易的过程。对于**数据提供方**而言，**数据交易**是由内向外流动的过程。中共中央、国务院印发的《中共中央 国务院关于构建更加完善的要素市场化配置体制机制的意见》中提出，加快培育数据要素市场，并进一步强化数据作为生产要素的重要性。数据共享开放作为促进数据流通的基础，打破了存在于政府间、部门间、行业间以及企业间的数据壁垒，成为激发数据流通活力的重要着力点。政府数据交易前，政府将政务数据授权给特定市场主体进行市场化运营，政务数据交易涉及的主体包括数据方、数据运营方、数据使用方等。数据方为政府部门，数据运营方为获得政府授权的市场主体，数据使用方包括市场和社会主体。与数据开放和数据共享不同，这里政府授权的数据在使用时要支付费用。

目前，企业之间的数据交易主要通过构建数据交易平台来实现。数据交易平台在吸收第三方数据后，撮合数据方和数据使用方进行数据所有权交易，并获取交易的服务费。企业数据交易涉及的主体包括数据方、平台方、数据使用方、算法方等。

目前，我国与数据确权相关的法律法规有《中华人民共和国网络安全法》《中华人民共和国数据安全法》以及《中华人民共和国个人信息保护法》，但具体细节仍不明晰，对数据交易模式存在一定的安全风险，对数据所有者利益保护度有限。但从数据流通的效率来看，采用数据交易的方式最为有效和快速。

数据的流通在公共决策效率、扩展商业应用、社会服务、城市治理、公共交通等方面具有显著作用。以上提到的 3 种数据流通类型各有优劣，相互促进、相互支撑、相互贯通、相互影响、相互协同，共同推进数据要素市场的建设，推动公共数据融合应用产业链、资金链和政策链的精准对接，强化普惠、高效、优质的数字化公共服务，促进数据应用福祉惠及全民。

3.2.2 数据流通的主要参与体

目前，市场上数据流通的主要参与体包括数据生产者、数据拥有方、数据使用方、监管方、数据经纪人和生态服务方。各方主要的作用和职责如下。

❑ 数据生产者：指基于各种载体产生数据的个人及企业。数据生产者会参与社会实践活动。

❑ 数据拥有方：指在获得数据生产者授权的情况下，对数据提供载体的组织。在获取相应授权的情况下，数据拥有方可根据相应的需求对数据进行使用、流转等操作。

❑ 数据使用方：基于相应数据流通技术，对数据拥有方的数据进行加工、使用，从数据提供方获取流通数据使用权，直接开展非身份识别下的数据利用，也可以基于数据对象主体的同意或相关法律来识别并使用数据。

❑ 监管方：在数据流通过程中对数据流通参与主体及流通行为进行监管（行政监管），由行政主管部门承担。监管方需要制定数据流通相关的法律、法规、政策，并监督数据流通中所涉其余各方对法律、法规、政策的执行情况。主要职责为对数据运营平台进行监管，确定相应的准入制度；对数据提供方、数据需求方及交易过程进行监管；审核交易主体的安全性、真实性、准确性、合法性等。

❑ 数据经纪人：指在监管方的监管下，具备开展数据经纪活动资质，为数据提供方和数据需求方提供交互媒介、中介撮合、传输流动、清算结算、服务整合等数据流通服务的数据流通平台组织，如数据运营中心、大数据交易所等。数据经纪人为数据需求方和数据提供方提供数据流通平台，解决数据流通过程中数据汇聚困难、数据不规范、分析数据可用性不强、行业数据无法对接使用等难题，从而实现数据灵活有效流通。数据经纪人还承担着提供交易规则、审核交易主体资格、监督交易行为的职责。

❑ 生态服务方：指为数据流通提供相应技术、法律支持，满足数据流通中的相应需求，保障数据安全的第三方组织。生态服务方包括提供数据流通模型工具的模型方、提供数据评估意见的评估方、提供数据流通安全技术的安全方、提供数据加工（清洗、分类分级等）服务的加工方，以及提供法律法规支持的法律法规支持方。其中，模型方根据相关行业标准、规范、技术与法律法规，创建合规模型，支持评估方对数据进行有效评估；评估方在模型方的支持下，为运营方、数据提供方、数据需求方等提供数据流通安全合规评估、资产评估等服务；安全方提供数据流通安全合规的过程监管、过程控制及审查等服务，保障运营方、数据提供方、数据需求方等顺利完成数据流通过程；加工方接受数据提供方或数据需求方的委托，对数据进行加工处理，提供数据服务，获得服务收益权；

法律法规支持方为数据供需等各方提供法律法规支持，确保各方行为满足法律规定的合法条件。

3.2.3　数据流通的内容和形式

数据流通有 3 种形式——原始数据和计算结果、明文和密文、离线文件和API（Application Program Interface，应用程序接口）。

1. 原始数据和计算结果

原始数据指未经过处理或简化的数据，也就是以第一次采集时所处形态存在的数据，可以是纸质形态的数据，也可以是电子形态的数据（文本数据、图像数据、音频数据等）。这时的数据记录于物理介质中。

未经过处理（重构、存储、计算、稽核、审计、防伪等环节）的原始数据并不能直接产生高价值的信息，经过处理的原始数据不仅可以产生高价值的信息，还可以帮人们获得更多维度的信息，如电商前端埋点会收集到大量的原始数据，这些数据经过处理后可以获得用户经常关注的商品、访问时段、购买品类、消费价格范围、喜欢购买的商品等信息。

对原始数据进行筛选、组织（如模型化）然后按照一定的格式进行整理后得到的数据就是结果数据。结果数据可以很好地体现数据中蕴含的信息，是挖掘与实现数据价值最原始的动力。比如未经过视觉翻译的计算结果是非常干涩、乏味、难理解和感知的数据，借助图表、触点交互可以提升其表达含义的能力。

2. 明文和密文

在密码学中，明文（plaintext）指传送方想要接收方获得的可读信息，通常指没有加密的文字或字符串，一般人都能理解。在通信系统中，它可能是比特流，如文本、位图、数字化的语音或数字化的视频图像等。

在数据以明文形式流通的情况下，数据源头企业担心丢失数据所有权。对于不具备持续生产源数据能力的企业，越发担心数据被他人清洗后使用。由于数据复制成本极低，一旦分享出去就容易失去对数据的控制权。因此，数据明文获取削弱了源头厂商的数据稀缺性和分享动力。在涉及高度涉密数据或敏感个人信息隐私数据时，企业往往拿不准数据输出尺度。同时，由于担心数据安全事件或信息泄露，许多企业不敢交互数据，导致出现数据价值递减风险，进而影响数据的流通和价值的盘活。

在密码学中，密文（ciphertext）是明文经过加密算法处理后产生的。因为密文是一种除非使用恰当的算法进行解密，否则人类或计算机不可以直接阅读理解的数据形态，所以可以被理解为加密的信息。密文经过解密还原得来的信息即为明文。

在数据流通过程中，数据拥有方或需求方的数据或中间结果，需要通过某种加密算法进行加密处理，以防止隐私数据泄露，这就是隐私计算。通过综合运用多方安全计算、联邦学习、同态加密等技术，可以将明文数据转换成密文数据，进而在充分保护数据隐私的条件下，实现数据的密态安全流通。

3. 离线文件和 API

离线文件又称数据包，是一种传统的服务提供形式，通常用于数据流通与应用。基于数据包的流通一般属于批量流通。数据包可以在数据提供方和数据使用方之间进行交换，也可以通过第三方（如数据交易平台）进行交易。由于数据确权相关法律法规不明晰，该模式有较高的数据安全风险，较难保护数据所有者利益，易导致涉及用户隐私的信息暴露以及数据被使用方二次利用甚至滥用。

API 是一种计算接口，它定义了多个软件或组件之间的交互方式，包括可以调用或请求的种类、方法，以及数据格式和应遵循的惯例等。API 可以是完全定制的（针对特定组件），也可以基于行业标准设计，以确保互可操作性。通过信息隐藏，API 实现了模块化编程，从而允许用户独立使用接口。

在 API 数据流通模式下，数据提供方将处理完的单方结果数据以接口形式输出，数据使用方调用该接口，双方完成数据流通交互。按照数据分类沉淀的 API 接口，日调用量可达上亿次，满足较广的服务覆盖范围，在一定程度上可以保护用户隐私信息，降低二次利用可能性。

3.3 数据安全流通体系

本节围绕确权、定价、安全、机制等方面，深入分析构建数据安全流通的体系架构，涉及数据安全流通的构成要素，包括政策、法律、标准、技术、监管、行业主体等。

3.3.1　数据安全流通体系的基本构建要求

数据要素市场旨在实现数据要素的市场化配置。要实现数据要素的市场化，首先需要具备规模化、规范化的数据体系，特别是政府数据和企业数据，要形成较为成熟的数据形态。其次，搭建促进数据安全流通的硬件（算力等）和软件（算法等）环境，围绕隐私计算等核心技术进行基础设施建设，从底层技术上支撑数据安全防护、数据可信流通、数据综合治理等贯穿数据生命全周期流通环节的构建。

数据的流通主要以数据开放、数据共享、数据交易这三种模式进行。基于各种数据流通模式又衍生出具体的法律法规、标准规定以及监管要求等。例如，数据交易涉及数据确权、定价、交易、监管、法律范围等保障制度，因此在设计顶层政策框架时，要进一步完善数据公共属性的权属，制定相关技术标准、行业标准和立法监管体系。

3.3.2　数据安全流通体系的构成要素

为了完成数据安全流通，需要对数据要素市场体系架构进行补充，从而确保数据在流通过程中"可用不可见"。

1. 技术层

数据作为数字经济基础性资源，对经济发展、社会治理等都有重要影响，成为数字经济时代重要的竞争性战略资源与生产要素。然而，作为信息时代的遗留物，数据具备独特的经济学特征，它是非竞争性的，在传统共享和使用方式下，存在数据资产流失或者转移的风险。通常需要一套完整的系统工程——全栈技术矩阵来解锁数据价值，包含数据安全防护、数据可信流通、数据综合治理在内的全链条数据解决方案。

（1）数据安全防护

数据安全的解决方案除了需要保证对外网络安全，还需要保证存储、计算、传输过程中的数据安全和授权使用。因此，在安全方案的设计中需要定义安全威胁模型。安全威胁模型将会从外部、用户、系统管理员、应用等不同角度分析可能产生的各种数据安全、数据授权使用的风险，通过攻击者的视角来发现、穷举系统潜在的安全威胁，并评估处理这些潜在威胁的优先级。

安全威胁模型中通常会使用网络安全措施、数据安全措施、身份认证安全、隐私保护措施等手段降低数据安全风险。

❑ 网络安全措施：提供"几乎"封闭的数据存储及计算环境，以减少和控制网络与互联网的交互。

❑ 数据安全措施：采用密钥管理系统（KMS）加密静态数据，从而最大化减少发生数据泄露的风险。

❑ 身份认证安全：采用密码强度要求、两因素身份验证、密码更新策略以及用于用户权限管理的授权模块。同时，通过大量日志记录进行深入分析，以检测可疑的用户行为、网络行为和数据集操作行为等，对账户安全进行及时反馈。

❑ 隐私保护措施：数据进入平台前会进行匿名化处理，与数据处理无关的信息将会在数据编组过程中被删除，同时还会采用差分隐私等技术降低重新识别的风险。在数据的使用过程中，严格执行数据的"最小可用原则"，在数据被探查和访问的时候，同样要保护其隐私安全。

（2）数据可信流通

利用多方安全计算、同态加密、联邦学习、安全沙箱计算、TEE 等前沿技术，通过细粒度的访问控制来保证数据"最小可用原则"的落地，通过将行业数据分级分类与隐私计算技术手段相结合来保证高规格的安全保护和数据"可用而不可见"。因此，隐私计算为数据所有权和使用权的分离提供了合规和法律层面的抓手，能够在特定的信任假设条件下，在保护数据所包含的隐私和机密，以及避免数据资产流失、转移和失控的前提下，实现数据价值。

通过区块链技术对数据进行溯源。在数据存储的过程中将数据集产生过程记录在案，包括项目本身的数据集和项目输入的数据集等，建立输出数据集和输入数据集的血缘关系。对于任何一个数据集，都可以通过其出处和血缘进行追踪，一直回溯到最原始的数据集，从而减少数据要素的归属风险。

（3）数据综合治理

数据流通的关键在于对原始数据进以综合治理以达到数据可用的状态，从而实现后续流通。

❑ 数据质量评估：原始数据通过关系型数据库、非关系型数据库、纸质文件、图像音频、文件系统、分布式系统、大数据文件等进行存储。数据成为要素前需要进行清洗、主数据融合、自然语言处理等操作，从而实现各系统的原始数据打通，形成标准化和结构化的高质量数据仓库和数据服务。

❏ 统一的接入认证：数据流通主要通过 API、大数据、混合应用、流式计算、ELK 等技术进行接入，包含静态交换、动态流转、互通互联等接入状态。

❏ 数据资源定价：隐私计算结合区块链技术，在各个环节形成全闭环服务，操作和处理记录上链保存，以实现防篡改的目的。定价方面，通过多个标准化智慧合约为参与方提供可信服务，在各个环节智能评估各方价值贡献。各方依据合约内容获得价值收益。这样就可解锁数据流通的核心价值。

2. 模式层

（1）数据开放

数据开放的主体主要是政府和企业。所谓政府数据指政府部门在开展各项工作与履行职责的过程中，所获得的与人们生活存在密切关系的各种数据。政府数据开放指在不违背相关政策法规且公共利益不受影响的基础上，免费向公众开放，使社会上任何人均能够获取及应用相关数据。原始数据的开放，可使政府各项工作的开展更透明，从而促进经济创新发展，推动社会治理创新。

政府数据开放工作目前以政府为主导，通过建设统一的公共数据开放平台，将本地区可开放的公共数据以数据集、API 等方式提供给社会公众使用。政府也鼓励公共企事业单位及其他社会组织提供可开放的数据，以丰富和提升公共数据的多样性和质量。数据开放目前尚在早期建设阶段。

（2）数据共享

数据共享限定在内部受管控的范围内进行数据共享和交换。以政府数据共享为例，数据仅限在政府部门之间流动，比如对数据交换平台等基础设施的访问仅限于政府内部的网络。数据共享是一个高度专业化的工作，需要对数据进行分类分级、供需对接、收放结合、安全治理等操作。其中，隐私计算平台等基础设施的建设是开展安全数据共享的必要前提。

（3）数据交易

数据交易所在数据流通过程中作为交易媒介，起到了关键的作用。随着各项相关配套政策相继落地，数据交易产业生态逐步繁荣。

数据交易由之前的通用数据中心占据主导，逐渐演变为多类型数据中心共同发展的局面。数据中心之间互相协同、云边协同体系不断完善，多个数据中心共同提供算力服务，数据将会在更大范围内进行无障碍流通。

数据交易所存在数字经纪中介、数商和数据经纪人 3 种体系。

❑ 数字经纪中介不直接参与交易，只提供提升交易效率、服务质量和市场活跃度等服务。

❑ 数商指以数据作为主要业务活动对象的经济主体。数商的首要价值是帮助企业发现数据资源的价值，联结跨组织的数据要素并对外提供服务。

❑ 数据经纪人是指在政府的监管下，具备开展数据经纪活动资质的机构，需要具备生态协同能力、数据运营能力、技术创新能力、数据安全能力和组织保障能力。

3. 政策层

近年来，我国出台了《数据安全法》《个人信息保护法》等关于数据和个人信息安全保护的法律法规，《民法典》也首次明确将数据纳入民法保护范围。《促进大数据发展行动纲要》《"十四五"数字经济发展规划》等文件则积极推进数据要素市场化，推动数字经济健康发展。

数据流通、交易相关技术标准及数据资产标准的研究制定已成为国内外各标准化组织共同关注的热点，数字化基础设施、底层技术、平台工具、行业应用、管理和安全等方面的数据标准体系建设尚处于起步阶段，要完成互认互通的标准化、规范化、高质量的数据资源标准体系仍需很长时间。

第 4 章

数据流通机制、模式、监管与保护

经过多年的探索与实践，数据流通至今已经经历了 3 个阶段，并形成了一些较为成熟的流通机制和模式，在数据流通监管与保护方面也积累了一些较好的经验。本章主要介绍与数据流通相关的演化规律、基本模式、监管与保护等内容。

4.1 过往数据流通方式

数据流通指数据的拥有者或控制者授权其他个人或组织使用的行为，数据流通的主要形式为交换或交易。数据流通的目的在于实现数据价值，数据只有不断地进行分析、挖掘、流通、汇聚等才能体现出更大的价值。

数据流通是数据在国家、组织、个人生产活动中越来越重要的基础，需求、存储、安全、技术等共同促进数据流通的发展。

4.1.1 数据流通 1.0

数据流通的发展依赖计算机相关技术。自 20 世纪 60 年代以来，计算机网络技术被越来越多地用于各类企业的生产活动中；20 世纪 70 年代出现了关系型数据库技术及文件存储技术，企业、组织生产活动中的数据开始以电子、非电子形式进行存储。数据的价值在流动，企业、组织为了能够挖掘出生产活动中产生的数据的价值，出现了数据的交换需求。数据流通1.0主要指在企业或组织内部跨部门、上下级以及存在关联关系的企业之间的数据流通，为企业、组织决策提供支持，树立企业、组织行业优势。

数据流通1.0时代，流通形式主要为数据库之间、文件之间、文件和数据库之间通过一些静态的技术手段交换数据，如通过ETL（Extract-Transform-Load）、KETTLE（KDE Extraction, Transportation,Transformation and Loading Environment）、dataX等技术手段进行数据流通，存在数据格式不统一、存储位置不同等问题。

数据流通1.0时代，数据流通主要在网络层进行链路和路由，以组或数据包的方式进行传输，同时也有很多以纸为载体的数据的流通方式。此时，为了确保数据流通的安全，在终端、文件、网络等方向出现了一些安全防护措施和产品。

综上，数据流通1.0时代，数据安全流通的需求比较有限，流通方式比较单一。

4.1.2　数据流通2.0

企业、组织对数据的需求日益增长，渴望更及时、准确、有效地从数据中获取相关的信息。数据流通1.0时代的流通方式和技术手段已经无法满足时效性的要求，而数据的存储方式也由原来的结构化关系型存储、文件存储等衍生出非关系型存储，比如图像、音频、文件系统、分布式系统、大数据文件系统等，同时数据的存储量也增加了很多。数据流通的范围在数字经济的推动下由企业内部转向外部市场，开始形成以数据为要素的市场。数据中台、数据交易平台等新型数据流通方式建立，进一步加速了数据流通行业的发展。数据流通2.0可以满足企业、组织、个人在数据方面的更多、更深层次的需求。

数据流通2.0时代在1.0时代流通形式的基础上引入数据动态流通技术。开发技术、大数据技术的快速发展使数据以高效、完整的形式进行动态流通成为可能，应用、外部接口及数据仓库之间的数据流通交互成为主流，API技术、大数据、混合应用、流式计算、ELK等都是典型代表。

在 2.0 时代数据流通开始扩展到应用层，应用层以数据的方式进行交互，这极大地提升了数据传输的效率、可用性等。但是，同时也带来了数据确权、数据泄露、数据明文传输、协议统一性等方面的安全问题。安全是数据流通环节需要重点关注的问题，所以数据流通 2.0 时代相应出现了脱敏技术、加密技术、数据防护技术、溯源技术等。

4.1.3　数据流通 3.0

《"十四五"数字经济发展规划》中首次将数据定义为生产要素，这标志着数据流通新时代的开启，数据必将促进时代新发展。快速、高质量地开发利用数据，最大化共享数据，实现规划中的智慧共享、和睦共治的新型数字生活，让每人都能享受数据带来的价值，进一步扩大数据流通的范围、作用，这就是数据流通 3.0 时代的任务。

数据流通 3.0 时代要用数据促发展，要着重关注数据流通中的安全问题，同时也要确保数据及时、有效、完整、高质量地流通。

数据流通 3.0 时代是数据互联、共享的时代，无论是数据的质量还是共享、开放程度都将是史无前例的。新时代的数据安全流通需要从监管、法律法规等方面进行指引，也需要使用相关技术进行保障，如沙箱、密码、隐私计算、数据可视化等技术。

数据流通的 3 个阶段的区别与联系如表 4-1 所示。

表 4-1　数据流通各阶段区别与联系

	数据流通 1.0	数据流通 2.0	数据流通 3.0
存储方式	关系型数据库、纸质文件、电子文件等	关系型数据库、非关系型数据库、纸质文件、图像、音频、文件系统、分布式系统、大数据文件系统等	关系型数据库、非关系型数据库、纸质文件、图像、音频、文件系统、分布式系统、大数据文件系统等
流通范围	企业、组织内部或关联组织内部	企业、组织内部或关联组织内部、数据中台、数据交易平台	企业、组织内部或关联组织内部、数据中台、数据交易平台以及其他开放、共享渠道
数据价值	企业、组织发展	企业发展、组织发展、商业	企业发展、组织发展、商业、个人
流通形式	静态交换	静态交换、动态流转	静态交换、动态流转、互通互联

（续）

	数据流通 1.0	数据流通 2.0	数据流通 3.0
安全保障技术	基于终端、文件、网络等的安全措施或设备	基于终端、文件、网络等的安全措施或设备，以及脱敏技术、加密技术、数据防护技术、溯源技术等	基于终端、文件、网络等的安全措施或设备，以及脱敏技术、加密技术、数据防护技术、溯源技术、沙箱技术、密码技术、隐私计算、数据可视化等
流通方式	网络层	网络层、应用层	网络层、应用层、数据层等
各阶段间的联系	数据作为流通关键要素；数据流通各阶段实现的目标都是体现数据的价值；数据流通各个阶段都存在因流通而需要解决的安全问题		

4.2 数据流通机制

近年来，信息系统、数据库、互联网技术的发展使得人类社会活动中越来越多的内容被以数字的形式记录下来。同时，云计算、大数据技术的发展提高了对数据资源的加工效率，降低了处理成本。数据的外部性使得同一组数据可以在不同的维度上产生不同的价值和效用，对不同的用户也会发挥不同的效用，随着使用维度的增加，数据的能量和价值将层层放大。同时，由于数据可以被复制，所以边际成本很低。在这种背景下，存储于某个系统中完成某个业务目标的存量数据可能成为其他系统所需的数据资源，流通后的数据可以产生更多的应用价值。数据流通使数据脱离了原有的使用场景，变更了使用目的，优化了资源配置，从数据产生端转移到其他数据应用端，是数据释放应用价值的重要环节。这个过程就是流通赋能数据价值的过程。因此，数据流通可以被定义为，某些信息系统中存储的数据作为流通对象，按照一定的规则从供应方传递到需求方的过程。数据流通使得数据可以跨越时间和空间被最大化复用，形成更大的社会价值。

4.2.1 业务视图下的数据流通机制

基于各参与方之间的业务关系形成的数据流通机制，主要分为点对点模式、星状网络模式及融合模式。

点对点模式示意如图 4-1 所示。该模式是数据流通场景中最为常见的。以房地产业中的房屋建筑为例，甲房屋设计公司将房屋图纸及户型设计数据交付

给乙建筑公司来建造房屋。在此过程中，数据提供方（甲）提供图纸数据，数据
使用方（乙）需要根据图纸数据进行建造生产，两家企业内部的存证部门作为存
证方对数据的使用进行监督。

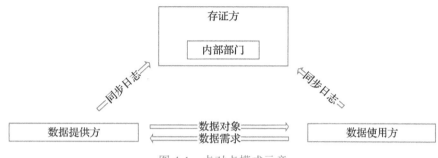

图 4-1　点对点模式示意

随着数据提供方和使用方数量增多，以及双方对数据的使用形式和深度提
出了不同的需求，点对点的数据共享流通模式难以满足需求，星状网络模式因
此出现了。数据汇聚、数据沙箱、多方安全计算和联邦学习是星状网络模式中 4
种常见的数据共享流通方式。星状网络模式使数据的共享与流通在连接性、可
信度以及应用深度上均有提高。星状网络模式示意如图 4-2 所示。

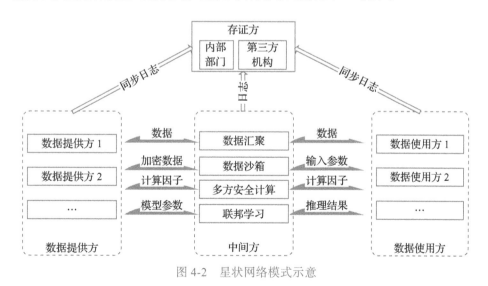

图 4-2　星状网络模式示意

融合模式主要基于点对点模式和星状网络模式中各利益相关方在数据使用

范围、深度和可信方面的不同要求，定义了5种主要参与方，包括数据提供方、数据使用方、存证方、中间服务方和IT基础设施提供方（未体现在图中），如图4-3所示。该模式覆盖的角色和业务流程相对完整。

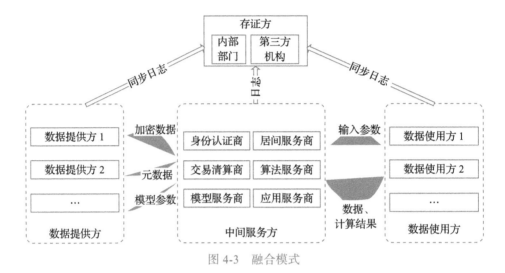

图4-3　融合模式

4.2.2　案例：盐南高新区城市驾驶舱项目数据共享

盐南高新区城市驾驶舱项目依托盐城市数字政府建设要求，面向政府各委办局建设数据共享交换平台，提供基础配置、资源维护、资源目录、任务调度等服务。利用大数据平台的存储能力，建立中心数据库，汇聚各委办局内部系统的交换数据，构建数据资源目录，提供数据资源订阅和资源申请处理功能。通过支持库表类、文件类和接口类3种数据资源传输的数据交换引擎，实现交换任务的高效稳定运行。同时，建立任务管控体系，以供查看任务调度运行状态和进度，控制任务启停，实现政府各委办局互联互通，满足跨部门协作需求。

该项目实现了跨部门、跨层级、跨地域的信息资源交换共享，提供了多类型的资源共享通道、统一的数据资源目录和标准的对外接口服务，打通了各交换节点之间的数据壁垒，保证了各交换节点业务系统之间互联互通，满足了多部门对数据共享交换的需求。

1. 痛点分析

在项目建设之前，由于缺乏信息化建设的领导部门，全区的信息化和大数据工作没有得到有效统筹。各部门大多自行建设和使用信息化系统，存在重复建设、系统分散和数据孤岛等问题，因此缺乏对城市数字基础设施、城市数据资源和城市数字化应用的统一管理和运营。

数字城市的发展要求采用先进的管理技术和手段，促进智慧城市实现新的价值，从数据壁垒走向数据开放。

2. 解决方案

盐南高新区城市驾驶舱项目希望围绕盐南高新区数据共享交换的新要求，结合数据治理、汇聚、共享、开放、开发利用等过程的决策机制、流程和规则，构建安全合规、广泛适配、即配即用的跨部门、跨层级、跨区域、跨系统、跨业务的高效数据流通平台。

如图 4-4 所示，数据共享交换平台交换中枢由数据目录管理、数据服务、数据交换、供需协同等模块构成，提供资源编目、资源挂载、资源申请、资源交换等全流程服务。

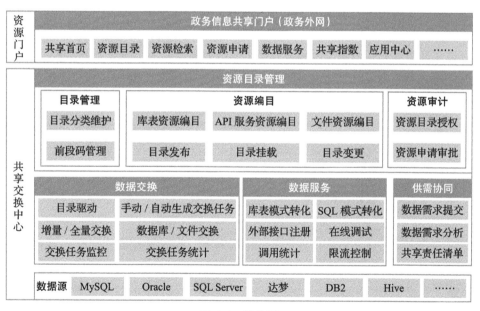

图 4-4 架构图

共享交换中心包含目录管理、资源编目、资源审计、数据交换、数据服务、供需协同等以目录为驱动的全链路数据管理体系，采用融合设计，建立覆盖数据梳理、目录归集、数据申请、数据审批、数据传输、数据交换、服务监控的全流程管控体系。

资源门户，以政府或企业内部的业务协同需求为导向，提供丰富的数据服务形式，实现数据使用申请、受理、授权办理功能，目标是缩短业务与数据之间的距离，让数据需求方快速获取数据及服务，满足各需求方多方位、多层次的数据共享需求。

3. 取得成效

数据共享交换平台基于大数据核心技术构建，采用容器部署，高度适配 X86 和国产 ARM 架构体系。平台提供全方位的数据流通功能，包括数据编目、数据展示、数据交换审批、数据集成、数据服务和服务监控。本案例实现了以下目标。

- ❑ 打造一体化数据共享交换平台，梳理数据资产，形成数据目录，消除数据孤岛，打破部门信息壁垒，建立数据共享开放门户。
- ❑ 以应用需求为驱动，以数据目录为载体，在数据共享交换基础上实现数据供需精准对接，在线高效协同，提高数据的可用性和业务满足一致性，让数据真正可用、实用且对接更加精准顺畅，从而提升工作效率。
- ❑ 以数字化转型为总体纲要，实现盐南高新区对数据的共享、开放，保障数据安全，确保让数据流通起来，并盘活数据资产。
- ❑ 当前全区注册的数据部门的数量超过 40 个，挂载资源数量近 500 个，接口调用上亿次，并且完成了与盐城市共享交换平台的共享级联。

4.3　数据流通模式

在产业数字化和数字产业化的应用场景下，数据流通是"常态"，数据静止存储是"非常态"。数据流通是数据价值实现的前提和基础，有数据开放、数据共享、数据交易等形态，涵盖一对一、一对多、多对多的数据流通模式。我国数据交易市场仍处在初级阶段，需要发挥市场和政府的双重力量，构建激励相容的数据交易制度，支持数据交易技术研发和创新数据交易模式，拓宽数据交易渠道，促进数据高效流通。

4.3.1　数据流通基本模式

数据流通的模式按照不同的区分逻辑有不同的分类方式。

1）按照流通参与方主体可以分为内部数据流通和外部数据流通。前者是同一主体之间的流通，如跨部门的数据流通；后者是不同主体之间的流通，如跨企业、跨政府的数据流通。

2）按照流通目的可以分为盈利性质的流通和非盈利性质的流通。前者的目标是盈利，后者的目标更多的是提供公共服务或者公共利益。

3）按照流通数据的主权可以分为跨境流通和非跨境流通。前者是指不同主权国家之间的数据流通，后者指的是同一主权国家体系内部的数据流通。

4）按照数据流通参与方的个数可分为一对一数据流通、一对多数据流通和多对多数据流通。

❑ 一对一数据流通：这是常见的数据流通模式。它可能内含于企业之间的业务合作中，数据的提供方授权数据的使用，即在一定条件下使用某一特定范围内的数据；也可以对外部企业进行单独授权，签订特定的数据使用合同，如开放 API 接口，这种形式多存在于企业自营的数据交易平台中。

❑ 一对多数据流通：该模式下数据拥有者对非特定主体进行授权，使其可以合法使用数据。该模式的根本特征在于数据使用方具有大众性，是面向社会需求者的一种数据流通模式。一对多数据流通可以再细分为自由数据流通和有条件的数据流通。自由数据流通即将特定数据明确为"无限制随取随用"，即不设任何条件且由不特定社会主体自由取用。相对地，有条件的数据流通是数据拥有者向不特定数据需求方授权使用数据，但是限制了数据的使用自由，包括对使用目的、使用场景、使用期限、使用定价等的限定。有条件的数据流通本质上是数据交易的一种模式，它通过市场化机制将数据资源配置给数据需求者，实现数据的社会化利用。

❑ 多对多数据流通：该模式指多个参与方（两个以上的数据拥有者）相互进行数据的取用，这是共同开发各自控制的数据的一种数据流通模式。这种数据流通模式本质上采用的是许可的方式，因此也属于数据共享。该模式的基本特征，一是参与方必须有多个，且数据流通是相互的；二是参与主体有自己所有或者控制的合法数据源。

4.3.2 交易撮合模式

交易撮合模式是由数据交易所作为数据交易的平台，允许数据提供商和客户之间进行多对多的交易。华东江苏大数据交易中心是应用这种模式的典型代表。在交易撮合模式下，由数据交易所搭建数据交易的第三方市场，平台本身不存储和分析数据，仅对数据进行必要的实时脱敏、清洗、审核和安全测试。平台作为交易渠道，通过 API 接口为各类用户提供出售或购买数据使用权的服务，实现交易流程管理。

4.4 流通的监管与保护

自数据被定义为生产要素以来，对于数据合法合规使用的推进工作层层递进，尤其在法律法规方面逐步推进，政府通过法律与监管来保障数据流通的安全性。

完善的数据安全基础制度是开展数据安全治理的前提条件。目前，我国的数据安全制度体系框架已经形成，配置细则正加紧制定出台，这为数据安全协同治理提供了良好的制度保障。

数据要素具有非竞争性，并且可以无限复制、重复使用，因此需要通过高质量供给、市场化流通、创新开发利用等市场化建设来充分发挥数据价值。当前迫切需要强化政府监管职能、压实企业主体责任和发挥社会监督作用，落实各方责任，共同守护数据安全底线。

4.4.1 法律层面

1.《网络安全法》

《网络安全法》是我国第一部全面规范网络空间安全管理问题的基础性法律，安全与发展并重、共同治理是《网络安全法》秉承的基本原则。

《网络安全法》将现行有效的网络安全监管体制化、法制化，明确了网信部门与其他网络监管部门的职责分工。其中第八条规定，国家网信部门负责统筹协调网络安全工作和相关监督管理工作，国务院电信主管部门、公安部门和其他有关机关依法在各自职责范围内负责网络安全保护和监督管理工作。这种"1+X"的监管体制，符合当前互联网与现实社会全面融合的特点和我国监管需要。

2.《数据安全法》

《数据安全法》明确了数据安全主管机构的监管职责，建立健全了数据安全协同治理体系，提高了数据安全保障能力，可以促进数据出境安全和自由流动，促进数据开发利用，保护个人、组织的合法权益，维护国家主权、安全和发展利益，让数据安全有法可依、有章可循，为数字化经济的安全健康发展提供了有力支撑。

《数据安全法》在数据安全监管、安全评估与防护要求方面做出了明确规定。

- 明确了数据管理者和运营者的数据保护责任，指明了数据保护的工作方向，为整个信息安全产业都带来了积极的影响，全面消除数据管理者和运营者在数据安全建设中的盲区，让数据安全建设有法可依，让数据安全事故造成的损失有法可惩。这对促进经济社会信息化健康发展，保护公民、组织的合法权益具有非常大的价值。
- 以人为本，鼓励对违法行为的投诉举报，对投诉、举报人的相关信息予以保密，并充分考虑老年人、残疾人的需求，维护每一个公民的合法利益。
- 特别指出关系国家安全、国民经济命脉、重要民生、重大公共利益等的数据属于国家核心数据，实行更加严格的管理制度。对核心数据进行安全监督与管理、评估与防护建设刻不容缓。
- 提出对数据全生命周期各环节的安全保护义务，加强风险监测与身份核验，结合业务需求，从数据分级分类到风险评估、从身份鉴权到访问控制、从行为预测到追踪溯源、从应急响应到事件处置，全面建设有效防护机制，保障数字产业蓬勃健康发展。

3.《个人信息保护法》

《个人信息保护法》从自然人个人信息的角度出发，给个人信息上了一把"法律安全锁"，成为中国第一部专门规范个人信息保护的法律，对我国公民的个人信息权益保护以及各组织的数据隐私合规都产生了直接和深远的影响。

《个人信息保护法》第六十条定义了履行个人信息保护职责的部门，其中包括国家网信部门。国家网信部门负责统筹协调个人信息保护工作和相关监督管理工作。国务院有关部门依照本法和有关法律、行政法规的规定，在各自职责范围内负责个人信息保护和监督管理工作。县级以上地方人民政府有关部门的个人信息保护和监督管理职责，按照国家有关规定确定。

4.4.2　安全管理

1. 网络数据安全管理

《网络数据安全管理条例（征求意见稿）》第五十五条规定，国家网信部门负责统筹协调数据安全和相关监督管理工作。公安机关、国家安全机关等在各自职责范围内承担数据安全监管职责。工业、电信、交通、金融、自然资源、卫生健康、教育、科技等主管部门承担本行业、本领域数据安全监管职责。主管部门应当明确本行业、本领域数据安全保护工作机构和人员，编制并组织实施本行业、本领域的数据安全规划和数据安全事件应急预案。主管部门应当定期组织开展本行业、本领域的数据安全风险评估工作，对数据处理者履行数据安全保护义务情况进行监督检查，指导督促数据处理者及时对存在的风险隐患进行整改。

2. 金融数据安全管理

（1）证券期货业网络安全管理

《证券期货业网络安全管理办法（征求意见稿）》第六条指出，中国证监会建立集中管理、分级负责的证券期货业网络安全监督管理体制。中国证监会科技监管部门统一对证券期货业网络安全实施监督管理。中国证监会其他部门配合开展相关工作。中国证监会派出机构对本辖区经营机构和信息技术服务机构的网络安全实施监督管理。中证信息技术服务有限责任公司在中国证监会指导下，为证券期货业网络安全监督管理提供专业协助和支撑。

（2）征信业务管理

《征信业务管理办法》第四十四条规定，中国人民银行及其省会（首府）城市中心支行以上分支机构对征信机构的下列事项进行监督检查。

- ❑ 征信内控制度建设，包括各项制度和相关规程的齐备性、合规性和可操作性等。
- ❑ 征信业务合规经营情况，包括采集信用信息、对外提供和使用信用信息、异议与投诉处理、用户管理、其他事项合规性等。
- ❑ 征信系统安全情况，包括信息技术制度、安全管理、系统开发等。
- ❑ 与征信业务活动相关的其他事项。

3. 汽车数据安全管理

《汽车数据安全管理若干规定（试行）》第十五条定义国家网信部门，以及国务院发展改革、工业和信息化、公安、交通运输等有关部门依据职责，根据处理数据情况对汽车数据处理者进行安全评估，汽车数据处理者应当予以配合。

4. 工业和信息化领域数据安全管理

《工业和信息化领域数据安全管理办法（试行）》第四条定义了监管机构，工业和信息化部及地方工业和信息化主管部门、通信管理局、无线电管理机构共同组成行业（领域）监管部门。行业（领域）监管部门依照有关法律、行政法规的规定，依法配合有关部门开展数据安全监管相关工作。

在国家数据安全工作协调机制统筹协调下，工业和信息化部负责督促指导各省、自治区、直辖市及计划单列市、新疆生产建设兵团工业和信息化主管部门（以下统称地方工业和信息化主管部门），各省、自治区、直辖市通信管理局（以下统称地方通信管理局）和各省、自治区、直辖市无线电管理机构（以下统称地方无线电管理机构）开展数据安全监管，对工业和信息化领域数据处理者的数据处理活动和安全保护进行监督管理。

地方工业和信息化主管部门负责对本地区工业数据处理者的数据处理活动和安全保护措施进行监督管理；地方通信管理局负责对本地区电信数据处理者的数据处理活动和安全保护进行监督管理；地方无线电管理机构负责对本地区无线电数据处理者的数据处理活动和安全保护进行监督管理。

4.5　案例：政务领域的 nXDR 式网络安全监管与指挥协调

随着政务数据的开放，如何保障政务数据的安全成为重中之重。现有监管方式，对于网络安全问题的发现仍依靠被动式的问题寻找，通过人工完成，而且需要第三方单位、人员或工具提供支持，通过出具报告、督导整改等形式形成逐级反馈，完成监管。这种模式耗时耗力，在一定程度上妨碍了社会对政务数据快速开放的需求。

南京邮电大学盐城大数据研究院与江苏开博科技公司携手研发了针对政务领域的 nXDR 式网络安全监管与指挥协调云瞳大数据平台。该平台以监管为视角，通过集约化、标准化建设，形成智慧的网络安全中心和统一运营服务体系，以保护辖区内互联网资产和重点监管单位内互联网资产为重点。按照"一个平台，多重载体，多维分析，全面监管，持续运营"的要求，实现网络安全的监管督导和快速应急响应，有效助力监管单位实现对网络安全的全方位监管。

1. 痛点分析

传统政务安全面临着以下几个痛点。

❑ 监管对象数量多且范围广。网络安全形势日益严峻，安全事件在各行各业频发，需要被监管的单位分布行业广、数量多，且不同行业监管侧重点不尽相同。

❑ 被监管单位资产庞杂。各行各业用户都正在或者即将进行数字化转型建设，例如"智慧校园""互联网医院""互联网＋政务"等，随着数字化程度的深入，各单位的资产变得日益庞杂。

❑ 现有安全监管体系缺乏有效的数据作为支撑，无法从全局监管视角考虑，同时监管情况及效果基本不可见，难以进行精细化监管。

❑ 传统监管方式对人员的依赖度高，且对第三方支撑单位人员专业能力要求强。传统监管方式的检查效果高度依靠现场人员能力及专业素养，不同的人员检查效果不尽相同，难以实现常态化、长效化监管。

❑ 传统监管体系缺乏安全管理闭环。从发起检查、发现问题、责令整改到最终反馈结果，整体流程不可见，效果难以把控，难以实现全流程有效监管。

2. 解决方案

本案例中的平台采用的技术架构如图 4-5 所示。

本案例的技术优势如下。

❑ 大数据架构，多源数据一体化处理能力。一方面，本案例采用创新的数据融合提取引擎算法，对数据进行规范化、丰富化处理，同时，采用统一的 IT/安全工具语言，快速检测并响应每个威胁。另一方面，本案例采用 AI 分析引擎，能够丰富攻击细节并对其进行分级，可以通过无监督学习的方式进行时间序列和对等组分析，同时可以对已知攻击模式或行为进行概况监督。

❑ 纵向闭环监管体系，全生命周期安全监管。通过统一网络安全监管与协调指挥平台，实现网络资产、安全能力、安全事件、安全服务的统一运营。将资产纳入全面监管范畴，对数据进行统一分析，从而实现事件处置快速响应。本案例有效解决了传统监管模式中资产庞杂易疏漏、安全风险难感知、事件处置被动等问题。

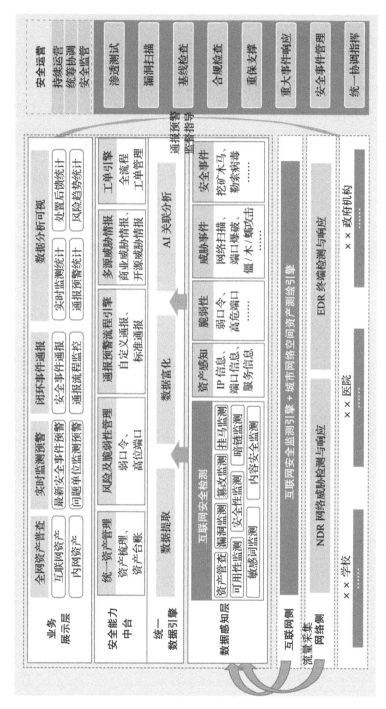

图 4-5　nXDR 式网络安全监管与指挥协调产品——云瞳大数据平台技术架构

3. 取得成效

本案例取得的成效如下：

❑ 监管工作"有据可依"。形成针对互联网资产、重点单位资产、资产脆弱性、威胁情报、网络攻击、网络安全事件等多元数据进行一体化处理、分析和应用的能力，为科学监管提供有效数据支撑。对互联网资产、关键基础设施资产和等级保护信息系统的资产信息、网络安全信息的覆盖率达到 90%。

❑ 监管流程全局可视。从发起检查、发现问题、责令整改到最终结果反馈全流程可视，有效解决了传统监管模式中存在的监管流程不可视、监管效果不可见的问题。同时可快速构建监管侧安全能力，打造安全能力资源池，提供对应安全保障，实现快速应急响应和网络安全监管督导能力。

❑ 监管能力显著提升。从监管角度出发，通过统一平台 + 线上监管运营服务，纵向深化监管体系，提升监管能力，缓解人员缺失带来的监管缺位等问题，有效实现监管工作规范化、长效化和常态化，落实监管责任，有效提升了各项监管指标。

某监管单位建设了该平台并将辖区内资产纳入全面监管。在"核弹级漏洞 ApacheLog4j"爆发时，及时匹配、掌握所辖资产的漏洞，通过平台统一下发通报，责任到各单位，并明确协助处置的单位。之后将结果汇总反馈，快速化解了大规模漏洞可能给辖区单位造成的网络安全风险和损失。

5

第 5 章

数据可信确权技术

数据确权可明确和保障数据活动主体的合法权益，确定主客体间法律关系以及数据活动的合法性。只有产权清晰的数据才能实现产权分置，顺利进入要素市场，因此数据确权是构建数据要素市场的基础和前提。

从宏观上来看，数据确权需要从两个层面去实现：一是从法律与制度的层面确定"权"与"属"；二是通过技术手段解决权属边界模糊问题，真实记录主体参与数据活动的过程。二者相辅相成，缺一不可。

在立法与制度层面，2015 年，国务院发布了《促进大数据发展行动纲要》，明确指出要研究推动数据资源权益相关立法工作；2017 年，中共中央政治局就实施国家大数据战略进行第二次集体学习会议，会上强调要制定数据资源确权、开放、流通、交易相关制度，完善数据产权保护制度等内容。此外，学术界也正在对数据确权和构建数据权利制度进行深入研究，并取得了部分新颖、前沿性的成果，如初步构建了数据权谱系，概括总结了法学界四大主流"数据权利与权属"观点，大数据战略重点实验室 2017 年发布的《数权法》以规范数据关系为内容，对数据的权属、权利、利用进行了法理阐释等。

由于我国《中华人民共和国民法总则》《中华人民共和国物权法》《中华人民共和国知识产权法》《中华人民共和国反不正当竞争法》等上位法均未明确数据

法律属性，因此数据财产属性和权利属性仍不明确。在缺乏上位法依据的情况下，任何一种技术方案都无法独立认证数据主体及其所具备的数据的合法权益。

此外，由于数据本身就是一串符号，具备无形性特征，所以它的价值为所携带信息的价值或者处理的价值而非其本身。另外，数据具可复制性和复制零成本特征，导致数据存在无限复制的可能，但数据所携带的信息和价值却未减损。一旦数据被复制，可能导致数据产权的初始主体无法掌控数据的产权。因此要实现数据产权被某一主体唯一拥有，必须解决因数据被复制、被公开而导致的产权排他性丧失的问题。

本章介绍数据可信确权技术，主要讨论如何真实记录不同主体参与不同数据活动的事实过程，并将其作为法规和制度建立后可践行的基础，以及如何通过技术的手段解决数据在流转过程中易被复制导致权属边界模糊的问题。

5.1 区块链技术

区块链是一个通过共识技术保证最终一致性的分布式数据库。区块链技术具有公开透明、不可篡改、可编程和去中心化等特性，在数据确权过程中具有支撑作用。

作为一个多方记账的分布式可信账本，区块链可以管理数据的全流程并留痕，包括数据的产生、收集及使用，从而实现数据溯源，降低数据确权的难度。

数据确权涉及多方共识，权属关系需要以区块链的方式来达成共识并永久记录在区块链上。如果没有达成共识，权利是没有意义的。

此外，基于区块链可以进行分布式多方可信的数据目录管理，并通过智能合约保障数据用途和用量的可控可管，为数据要素确权提供确定权益配比的依据。

要实现数据上链，就需要达成多方共识，这就要求放弃数据的私密性，这等于变相公开数据及其信息，会侵犯数据主体的权益。

5.2 分布式数字身份

分布式数字身份是一种以区块链为基础的身份认证、权限管理及标识签名技术。2009 年万维网联盟（W3C）发布首个分布式数字身份标准，将分布式数字身的结构分为基础层和应用层，其中基础层用于分布式生成、持有和验证身份标识符（Decentralized IDentifier，DID），应用层用于承载身份数据的可验证声明（Verifiable Credential，VC），如图 5-1 所示。

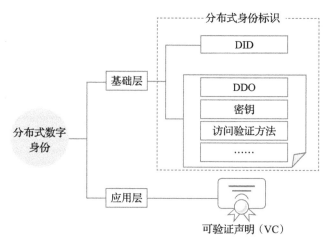

图 5-1 分布式数字身份结构

分布式数字身份标识由一个具有特定格式且全局唯一的标识符和一个对应的描述对象（DDO）组成。描述对象是一个 JSON 字符串格式的文档，主要包含与标识符对应的公开信息，比如与 DID 验证相关的密钥信息和验证方法等。这决定了分布式数字身份不是简单的身份标识，而是主体账户数据与行为数据的集合。在数据确权过程中，基于上文中介绍的数据上链，分布式数字身份可用于签名、标识主体对数据进行的操作，并通过区块链进行记账。

可验证声明是一种基于分布式认证体系的产物，用户通过分布式的社会关系获得全面的身份认证，可以在无须透露身份隐私信息的情况下，通过多方证明来验证身份。可验证声明一方面确保了数据流通时主体的身份隐私，另一方面引入实名认证、生物认证等，可以满足合法合规性的要求。

5.3 数字水印

数字水印是指将特定的信息嵌入数字信号（如音频、图片或是视频等）中。与传统的密码技术不同，数字水印技术是依据信息隐藏的思想将重要的可认证的信息嵌入到图像、视频、音频及文本文件等数字多媒体的内容中。一旦需要，就可以提取预先嵌入的信息，用于产品的完整性验证、认证和证明。数字水印可以将数据的权属信息嵌入数据内容中，实现数据的确权。

国内一些城市已有的数据平台率先使用数字水印技术为大数据确权。如图 5-2 所示，数据源供应商提出确权请求，在确权请求、抽样挑战和返回证据阶段引入审计中心，数据源供应商和审计中心基于隐私保护数据持有性证明和抽样技术交互完成大数据的完整性审计。数据源供应商将能唯一标识自己身份信息的数据发送给水印中心，请求生成水印。水印中心将生成的水印发送给数据源供应商，由数据源供应商完成水印嵌入数据块的工作。区块链记录完整的交易过程。

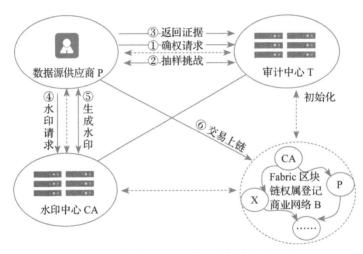

图 5-2　利用数字水印进行数据确权的流程

注意，无论是何种数据确权技术，都无法独立于立法和制度实现数据主体及其合法权益的认证。现阶段，在相关法律尚未完善的情况下，数字水印是国内首个对数据确权进行先行探索实践的技术方案，为后续数据确权技术发展提供了思路。

关于数字水印技术更详细的介绍请参阅 7.8 节。

5.4　数据存储加工阶段

通常情况下，采集的原始数据经进一步加工处理后才可成为要素，进而通过深度和专业的融合分析使数据价值融入经济活动中。数据存储加工阶段的数据确权是明确哪些主体拥有对数据进行加工分析的资质，同时记录参与数据加工分析的主体。

❏ 主体资质验证：数据加工分析资质应基于法规与制度由相关监管机构确定，同时体现在主体的分布式数字身份中，由相关核发机构向主体颁发 VC，通过链上验证主体的 VC 判断主体是否具备对数据进行加工分析的资质。

❏ 记录参与主体：在实际对数据进行加工分析时，需要记录具体参与的主体及可量化的参与事实。区块链在多方协同的场景下可以通过可编程的智能合约实现对参与方及各方工作量的证明和记录。将数据加工分析的信息以数字水印的方式嵌入数据内容中，加工分析信息将跟随数据的全生命周期。

❏ 数据存储：同样在多方协作的场景下，对于持有与存储最终产生的数据，去中心化（往往指分布式）的文件存储系统是一种很好的解决方案。IPFS 是典型的分布式文件存储系统，但原生的 IPFS 系统没有权限管理功能，因此需要通过分布式数字身份中的权限控制能力重塑存储空间与主体绑定的带权限管理功能的 IPFS 系统来存储数据。

5.5　数据流转阶段

在数据流转、使用时，采用多方安全计算、联邦计算、可信执行环境等隐私计算技术进行数据处理，仅将分析结果定向公布给数据使用者，这样就可实现敏感信息的"可用不可见"，从而解决因数据公开而导致的生产要素排他性消失问题，维护数据的产权，实现所有权和使用权的分离。**数据流转阶段产权保护的具体实现流程如下。**

1）基于非对称加密技术，数据使用方生成一对公私钥。

2）数据使用方通过智能合约发起一个数据使用请求，请求中包括使用数据时参数的 Hash 值、目标数据的 Hash 值、数据使用方的公钥以及使用私钥对前述信息所做的签名。

3）数据拥有方通过数字签名针对该使用请求进行授权。

4）可信第三方获取授权后处理数据使用请求，对数据使用结果进行加密，并将加密结果提交到区块链。基于数字签名验证技术，区块链通过智能合约对加密结果的有效性进行验证，即保证请求参数、加密数据、数据处理算法以及加密结果的一致性。

5）数据使用方获取加密结果，并使用私钥获取结果原文，从而完成整个数据使用流程。

数据流转流程示意如图 5-3 所示。

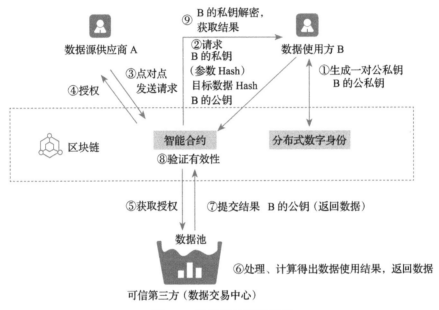

图 5-3　数据流转流程示意

在上述整个过程中，智能合约作为验证工具，保证了数据流转的有效性。该方案不仅可以将数据所有权、使用权分离，还可对数据的收益权进行确权及记录。具体来说，数据拥有方可以将数据的收益权单独剥离出来，授予多个第三方，并将授权信息发送至智能合约。当数据产生收益时，该收益将通过智能合约上的收益权记录自动进行分配，分配记录也存在区块链上。当然，目前区块链上的收益分配仅作为最终收益分配的依据，实际的分配还是在链下进行。

在数据传输和共享的场景下，数据确权的问题为所有权或使用权转移问题。引入代理重加密技术，原数据拥有方与新的数据拥有方通过区块链完成转换密钥的约定，数据存储节点通过转换密钥对新的数据拥有方的公钥进行加密，该步骤完成的同时，使用数字签名技术生成确认消息并提交到智能合约，由智能合约完成最终的数据所属权转移。

5.6　案例一：标信融

金融服务平台为中小企业提供智能、精准、高效的数字化普惠金融服务。它应用大数据、区块链等先进技术构建创新融资"媒合"平台，全面收集中小微企业的资金需求信息，同时有效整合政府扶持政策、涉企信用信息、企业融资需求、金融机构融资信息和电子保函产品等资源，解决中小微企业融资难、融资贵等问题。这样能切实助力区域营商环境优化，减轻企业负担，并促进本地经济的发展。此外，积极打造全面立体的融资生态链，可进一步提升融资对接效率和金融服务水平。

1. 痛点分析

目前因为需求方和金融机构方的数据流通难，电子保函以及金融融资存在风险控制难、信用评价不完善等多种问题。

2. 解决方案

本案例使用区块链解决金融行业中产出物（电子保函、电子合同等）自证的问题。通过区块链技术为金融服务平台中的电子保函和金融产品赋能，进一步解决电子保函、金融合同的可信度以及真伪难辨等问题。本案例的原理如图 5-4 所示。

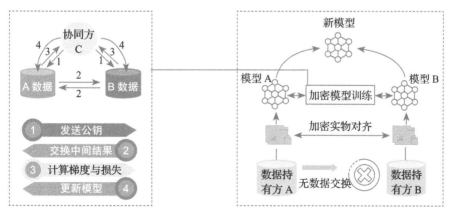

图 5-4　标信融隐私计算原理

本案例使用隐私计算解决多方数据在可用不可见的场景下进行联合风控建模的问题。通过大数据、隐私计算、同态加密等技术对行业数据进行整合，为金融机构提供可用不可见的数据结果、企业信用报告、风控模型等功能，进一步实现金融机构对电子保函投保企业以及金融融资企业的风险控制，助力区域营商环境优化，减轻企业负担。

3. 取得成效

本案例中，金融机构风险得到了有效控制，金融机构成本得到明显降低，而融资对接效率和金融服务水平得到明显提升。

金融服务平台部分成果展示如表 5-1 所示。

表 5-1　金融服务平台社会效益表

名称	成果
河北省金融服务（电子保函）平台	出函笔数：2 099 企业减负金额：19 953.73 万元
承德市金融服务（电子保函）平台	出函笔数：1 443 企业减负金额：18 010.69 万元
邯郸市金融服务（电子保函）平台	出函笔数：6 310 企业减负金额：7.585 812 亿元
菏泽金融服务平台	出函笔数：146 企业减负金额：2 808.60 万元
石家庄市鹿泉区公共资源金融服务（电子保函）平台	出函笔数：633 企业减负金额：9 328.97 万元
滦州市公共资源金融服务（电子保函）平台	出函笔数：592 企业减负金额：5 320.18 万元

5.7　案例二：汽车大数据区块链平台

汽车大数据区块链平台为数据存证确权、共享交易提供了一个开放、公正、可信任的环境。该平台通过区块链技术和隐私计算技术解决数据孤岛、数据安全、共享难、追溯难等问题。

1. 痛点分析

智能网联汽车作为国家战略性新兴产业，是实现中国汽车产业由大到强的重要突破口。十一部委联合印发《智能汽车创新发展战略》，这将加速该产业的变革。

技术方面，随着传感器技术、第五代移动通信技术、大数据技术等的快速发展，汽车正在向智能化与网联化的方向加速发展，汽车将由代步工具逐步转变为移动智能终端。与此同时，各相关企业越来越重视对汽车使用数据的收集与分析。汽车使用数据将成为企业的信息资产和战略资源。

因此，在政策、技术与市场化的多重推动下，汽车产业必将进入大数据时代。目前，汽车数据产业的发展中存在一些问题，总结为以下 4 点。

- ❑ 数据孤岛问题。各数据所有方之间的数据缺乏统一的格式与接口定义标准，无法互联互通，造成数据碎片化。

- ❑ 数据采集成本高。数据只有达到一定体量才能形成价值，并且不同维度的数据聚合在一起才能具有更大的价值，靠企业自己采集所有数据成本太高。

- ❑ 数据安全问题。部分数据涉及个人隐私，需要进行脱敏处理；同时，对数据的使用也需要加强安全监管，防止数据被转卖、泄露。

- ❑ 数据生态还未形成。数据的价值只有在被应用时才能体现，目前汽车产业还未形成覆盖数据采集、交互、挖掘与应用的完整生态链。汽车产业需要通过建立公正、可信的数据交互体系来实现用数据驱动技术的进步与产业的发展。

2. 解决方案

在大数据时代，汽车企业拥有的数据是其核心资产，通过数据共享交易可在产业内激活这些数据的价值，然而在数据交易中如何做好数据的隐私保护和数据的防篡改尤为重要。基于区块链技术的数据交易平台依托技术特点，可确保数据存储及交易的隐私性和不可篡改性。本案例就是汽车数据防篡改手段与机制的最佳实践。在数据交易平台的运维安全方面，本案例构建了全面的产品安全风险防范技术手段与管理体系，以确保平台的安全稳定运行，从而为汽车产业建立并维护一个开放、公正，可信任的收集、共享与应用汽车数据的生态系统。

在汽车数据共享的业务场景中，数据需求方需要在区块链系统上通过数据交易来获得其他汽车企业数据的使用权，然后才能通过交易双方企业的数据网关服务交互原始数据。原始数据仅在交易双方之间传输，不得经过任何第三方系统，目的是保证数据不会泄露。数据需求方获取到真实的原始数据后，可在本企业内部的区块链节点上对数据的真伪进行验证，以确保购买的数据真实可靠。

汽车大数据区块链平台业务架构如图 5-5 所示。

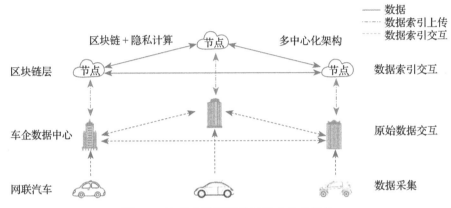

图 5-5　汽车大数据区块链平台业务架构

汽车大数据区块链平台将众多的汽车企业通过区块链节点连接在一起，区块链具有的去中心化及不可篡改等特性可保证数据及交易可靠。企业数据共享交易在区块链上完成，多个企业节点形成共识后才能确认交易并写入区块，这样可确保数据交易真实可靠且无法被篡改。共识机制解决并保证了每一笔交易在所有记账节点上的一致性和正确性，使交易在不依靠中心化组织的情况下，依然可以实现大规模高效协作。

3. 取得成效

汽车大数据区块链平台拥有透明激励机制，构建了一个公平、公正、开放的数据合作生态，通过智能合约和区块链积分实现了数据定价和交易结算，完美解决了竞争企业之间的合作问题。

隐私计算技术已经通过了信通院的测评，隐私计算可确保汽车数据在交易过程中的安全。本案例实现的平台已经部署并交付了几个大类的十几个节点，通过访问控制机制可以让数据实现由主权方自我管理以及点对点交易。

通过智能合约技术可以实现数据交易处理，包括传输、校验、划账等规则的公约化制定、发布和监督，以及自动化执行。

5.8　案例三：海关 AEO 区块链服务平台

海关 AEO 认证需要企业提供"三流（货物流、单证流、信息流）合一数据"证明，并且需要解决数据真实性问题。但"三流合一数据"对企业而言是非常重要的经营数据，企业需要主动掌握，只有在必要的情况下，才能将必须开放的数据对已授权的对象开放访问。

在通关过程中，海关会对提交的报关材料进行审核，挑出其中有疑问的订单进行查缉，企业需提供被查缉订单的全部信息以供审计。

海关 AEO 区块链服务平台通过区块链和数据加密技术在保护企业数据不外泄的情况下，达到"三流合一数据"可信追溯、可验证的目的，同时为企业寻求供应链金融支持提供了数据基础。

1. 痛点分析

在海关通关流程中，海关、企业、金融机构都有各自需要解决的痛点。

企业报关时会提供大量数据，其中可能存在造假或不全的数据，因此海关需要花费大量时间和精力从中找出不合理的订单数据，以防止各种不法行为的发生。如果企业建立可追溯、可信任的数据追溯系统，就可以解决数据真实性问题，从而大大提高海关工作效率。

货物流、单证流、信息流数据是企业日常经营的核心数据，从中可以推算出企业经营状况等信息。但是海关 AEO 认证、金融机构的供应链金融服务都需要通过这些数据来完成相关业务和风险评估。如何在核心数据隐私保护和获取服务间达成平衡，对企业来说是一个难题。

对金融机构来说，供应链金融是优质的业务，但获取可信的、完整的数据来进行风控分析是不容易的。

2. 解决方案

海关 AEO 区块链服务平台将各方聚集到区块链上，通过数据加密技术解决各方痛点。

图 5-6 所示为海关、金融机构、核心企业等共同搭建的海关 AEO 区块链服务平台的架构，海关内部业务系统通过海关节点获取链上数据。海关通过改造的统一接口与区块链相连，企业可以通过统一接口上传数据到区块链。

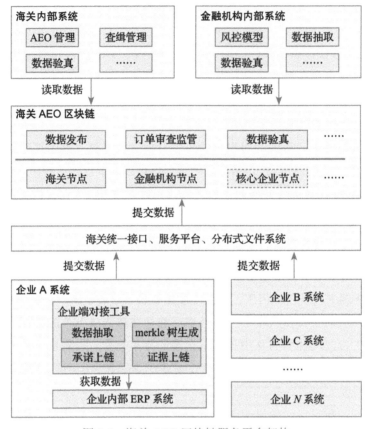

图 5-6　海关 AEO 区块链服务平台架构

　　本案例平台使用二级 merkle-patricia 树结构保存企业的"三流合一数据"，数据按订单组织。如图 5-7 所示，上级树的叶为各个订单的根，各个订单间形成 merkle 树。下级树为订单数据，每次订单数据变化都会生成一个新状态，新状态中包含上一个状态的 Hash 值，因此各个状态表现为链式结构。所有状态会形成一棵 merkle 树，树根即为上层树的树叶，如图 5-7 所示。

　　企业使用系统提供的工具维护该二级 merkle-patricia 树结构的数据，并且定期（如每天）将树根提交至海关 AEO 区块链。通过提交该数据，即可将企业内所有订单的数据锚定到海关系统内，这就相当于一个不会篡改数据的"承诺"。海关可以通过树根对要查缉的订单原始数据进行验真操作。

　　使用 merkle-patricia 树结构，可以获得如下好处。

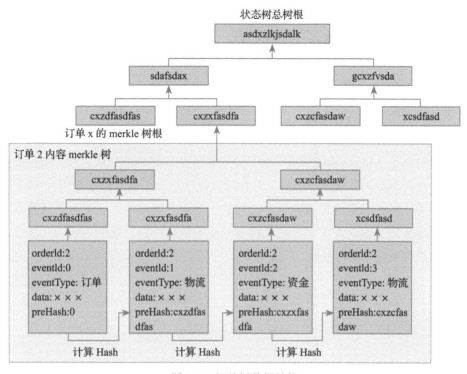

图 5-7　订单树数据结构

❑ 可以追溯到所有订单的所有数据变化。任意订单的数据变化都会导致整个树的树根变化。使用 patricia 树可以切换到任意状态的根，因此可以方便地恢复出每个订单的任意状态。

❑ 每个订单的状态之间通过 Hash 值相连，下一个状态数据中包含上一个状态的 Hash 值。因此如果想要篡改其中某个状态的数据，则其后所有状态中的 preHash 字段内容都会改变。一个订单的所有状态会形成一棵 merkle 树，其树根就是上级树的叶子节点，该叶子节点的值改变，整个树的树根都会改变。当海关针对某笔订单进行查缉验真时，仅需检查订单状态链是否正确、上级树根的 SPV 证明是否能与每日锚定到链上的数据一致，即可判定企业是否篡改了订单数据。

实际运行中，企业需要定时上传状态树的树根。当海关对企业通关数据有疑问，需要针对某笔订单查缉时，可以要求企业提供该订单的原始数据。企业可以使用系统提供的工具提取出该订单的完整状态链，并且针对上级树生成

SPV 证明并提供给海关。海关可以通过状态链和 SPV 证明，以及之前锚定到链上的树根，完成数据验真。

　　企业如果期望获得供应链金融服务，只需像海关查缉的流程一样，提供订单数据和 SPV 证明给金融机构即可。金融机构可使用与上述同样的方法完成对订单数据的验真，从而获取真实可信的数据，完成风控评估。

3. 取得成效

　　通过海关 AEO 区块链服务平台，企业在完全掌握自己订单数据控制权的情况下，仅需将数据"承诺"上链，并在后续提供部分必需的原始数据和 SPV 证明，即可让海关和金融机构确信自己的数据是没有篡改的，从而达成通关或获取金融服务的目标。海关和金融机构通过此系统也可以达成对企业"三流合一数据"进行可信追溯的目标。

第6章

数据资产化技术

业界在探索数据流通的过程中，也在不断对数据的资产化进行尝试，并形成了以成本法、收益法和市场法为主的三类数据价值评估方法。本章对数字资产化的方法进行概述，并以此为基础深入分析每一类数据价值评估方法的原理、发展，并进行对比分析。

6.1 数据价值评估概述

随着科技的发展和社会生产力的进步，数据信息呈现指数级增长，而这些数据不仅包含大量信息，而且有巨大的利用价值。与此同时，越来越多的企业将公司生产经营活动产生的数据作为公司的重要资产，数据资产化已逐渐成为主流，而如何合理并准确地评估数据的资产已成为一个重要议题。

"数据资产"一词最开始是指政府债券、公司债券和实物债券等资产。2018年，数据资产的概念得到了延拓，被定义为拥有数据权属、有价值、可计量、可读取的网络空间中的数据集。

参考以上定义，可以在一定程度上对数据资产进行认定。但在完成数据资产认定后，则需衡量该资产的重要性并量化其价值，此时需对数据资产的价值进行评估。数据资产的价值受多项因素的影响，从不同影响因素出发，可派生不同的评价维度和评价指标，进而形成不同的评价方法。

数据资产价值的不同影响因素之间互相作用，形成错综复杂的关系，因此确定数据资产价值的影响因素十分重要。

❑ 从数据自身角度看，数据资产的价值由描述数据自身特性的指标决定，包括质量、规模、准确性、时效性等。

❑ 从安全合规角度看，数据资产的价值受数据的权属和安全性影响。由于信息技术的发展，数据的复制与传播变得越来越容易，个人隐私、企业信息和国家安全信息的泄露风险日益增大，因此安全问题成为全社会关注的焦点。

❑ 从财务角度看，数据资产的取得成本是需要考虑的重点问题，数据信息系统的建设与维护费用是数据资产管理成本的主要构成部分，包括收集数据、存储数据、处理数据产生的各种费用。

目前，针对数据资产的价值评估主要围绕数据资产价值评价维度、数据资产价值评价指标体系、数据资产价值评价指数、数据资产价值评估4个方面的内容逐步展开。

数据资产的价值维度指数据资产价值的不同体现方面，包括效用价值、成本价值、战略价值、交易价值4个维度，这4个维度为评价指标体系的构建奠定了基础。

数据资产价值评价指标体系是数据资产价值维度的具体体现，维度所描述的是更高层次，还需要进一步细分，即数据资产价值的具体评价指标需要进一步明确。对于数据资产价值评价指标体系，可使用颗粒度、多维度、活性度、规模度和关联度进行衡量。

在建立起数据资产价值评价指标体系后，还要根据相应指标计算出数据资产价值指数，具体计算方法有层次分析法、专家打分法与模糊综合评价法。

❑ 层次分析法是将要决策的问题按总目标、各层子目标、评价准则直至具体的备择方案的顺序分解为不同的层次结构，然后用求解判断矩阵特征向量法，求得每一层次的各元素对上一层次某元素的优先权重，最后再用加权和的方法递阶归并各备择方案得到总目标的最终权重，最终权重最大者即为最优方案。

- 专家打分法即对具体的指标进行打分。
- 模糊综合评价法是基于模糊数学实现的综合评价方法，它根据隶属度将定性评价转化为定量评价，利用模糊综合评价得出结果。该结果具有清晰明了、系统性强的特点，适用于解决非确定性问题。

综上所述，目前学术界在数据资产评估方法方面已形成了一定的体系，有了相关的研究和实践。因为数据的价值与场景紧密结合，所以只有因地制宜地选择最合适的方法，才能使数据资产的价值得到合理而准确的评估。

6.2　数据价值评估方法

6.2.1　主流数据价值评估方法

静态定价策略是较为经典的（无形）资产估值策略，中国资产评估协会在 2020 年 1 月印发的《资产评估专家指引第 9 号——数据资产评估》中建议采用 3 种主要的度量方法——成本法、收益法和市场法。

1. 成本法

成本法又称重置成本法，估算逻辑如表 6-1 所示。成本法是根据形成成本对数据资产进行评估的一种方式。它的核心思想是：用在当前条件下重新购置或者建造一个全新状态的评估对象所需要的全部成本加上合理利润，减去各项贬值后所得的数额作为评估对象价值。

表 6-1　成本法估算逻辑

类别	估算逻辑	注释
数据质量系数	使用数据模块、规则模块和评价模块综合加权汇总得到	受数据成本完整性、数据准确性和数据有效性约束
数据流通系数	$\dfrac{\sum_{i\in\mathcal{D}}a_i\mathrm{Vol}_i}{\sum_{i\in\mathcal{D}}\mathrm{Vol}_i}$ 其中 $\mathcal{D}$ 代表开放数据、公开数据、共享数据和非共享数据，Vol_i 代表 $\mathcal{D}$ 的数据量，a_i 是对应的数据流通系数	要注意开放数据、公开数据、共享数据和非共享数据的加权值。通常不用考虑非共享数据，因为其对整体流通效率的影响可以忽略不计
数据垄断系数	$\dfrac{系统数据量}{行业总数据量}$	一般与行业和地域有关

（续）

类别	估算逻辑	注释
数据价值实现风险系数	一般采用专家打分法与层次分析法获得该系数	涉及数据管理风险、数据流通风险、增值开发风险和数据安全风险4个二级指标，以及设备故障、数据描述不当、系统不兼容、政策影响、应用需求、数据开发水平、数据泄露、数据损坏8个三级指标

尽管数据资产的成本和价值对应性较弱，且数据的成本有不完整性，但在企业内部可获取所有信息时，成本法是具备一定可行性的。成本法的基本计算公式是：

$$评估值 = 重置成本 \times （1 - 贬值率）$$

或者

$$评估值 = 重置成本 - 功能性贬值 - 经济性贬值$$

由于数据要素所具有的特殊性，往往需要综合考虑数据资产的成本与预期的使用溢价，对上述基本公式可进行如下论证：

$$P = T_C \times (1 + R) \times U$$

这里 P 是评估值，T_C 是数据资产总成本，R 是数据资产成本回报率，U 是数据效用。其中，U 是影响数据价值实现因素的集合，用于修正 R。数据质量、数据基数、数据流通以及数据价值实现风险均会对 U 产生影响：

$$U = \alpha\beta(1 + l) \times (1 - r)$$

这里 α、β、l、r 分别是数据质量系数、数据流通系数、数据垄断系数、数据价值实现风险系数，即有：

$$P = T_C \times (1 + R) \times [\alpha\beta(1 + l) \times (1 - r)]$$

成本法具有一定局限性，这主要体现在如下3个方面。

❏ 不易区分：由于数据要素是生产经营中的衍生产物，故没有对应的直接成本，而实际生产过程中的间接成本通常不易分摊。

❏ 不易估算：数据要素具有贬值等因素，场景不同，影响因素也不同，且这些因素涉及宏微观背景、时效、准确性、体量等，通常不易估算。

❏ 不体现收益：无法体现数据要素产生的收益。

2. 收益法

收益法通过预计数据资产带来的收益估计数据的价值，如表6-2所示。该方法的主要思路是：先估算数据资产未来预期收益，然后将预期值折现作为评估资产价值。相较于成本法，收益法注重的是数据资产为企业带来超额收益的能力。

表 6-2　收益法估算逻辑

类别	估算逻辑	注释
预期收益	预期变动、收益期限、成本费用、配套资产、现金流量、风险因素等	需要区分数据资产和其他资产所获得的收益。数据资产的获利形式通常包括细分企业顾客群体、模拟实际环境、提高投入回报率、出租数据存储空间、管理客户关系、个性化精准推荐、数据搜索等
收益期	收益期限不得超出产品或者服务的合理收益期	基于法律保护期限、相关合同约定期限、数据资产的产生时间、数据资产的更新时间、数据资产的时效性以及数据资产的权利状况等因素确定收益期限
折现率	折现率可以通过分析评估基准日的利率、投资回报率，以及数据资产权利实施过程中的技术、经营、市场、资金等因素确定	折现率与预期收益的口径保持一致

收益法在实际场景中比较容易操作，是目前比较容易接受的一种数据资产评估方法。虽然目前使用数据资产直接取得收益的情况比较少，但根据数据交易中心提供的交易数据，还是能够对部分企业数据资产的收益进行了解的。收益法的基本计算公式：

$$P = \sum_{t=1}^{n} F_t \frac{1}{(1+\zeta)^t}$$

其中，P 是评估值，F_t 是数据资产未来第 t 个收益期的收益额，n 是剩余经济寿命期 / 收益期，ζ 是折现率。

基于收益法还衍生出权利金节省法、多期超额收益法、增量收益法等诸多估值方法。收益法也有一定的局限性，这主要体现在如下 3 个方面。

- 操作复杂：数据要素的预期收益与传统资产评估的度量不同，市面上无有效工具。
- 期限不定：数据是动态的，导致使用期限也是动态的。
- 估算不准：一些收益法无法作出"反事实推断"，即在使用增量收益法等方法时，无法估算出没有应用数据资产的情景下的收益，这在实际使用中需要额外注意。

3. 市场法

市场法又称比较市场法，它的估算逻辑如表 6-3 所示。市场法是根据相同或者相似的数据资产的近期或者往期成交价格，通过对比分析，评估数据资产价值。它的核心思想是：按照所选参照物的市场行情，通过比较待估数据资产与其差异，并加以量化、调整后对数据资产进行评估。

表 6-3　市场法估算逻辑

类别	估算逻辑	注释
可比案例数据资产的价值 V_C	对于类似数据资产，可以从相近数据类型和相近数据用途两个方面获取 数据类型：用户行为数据、社交数据、交易数据等 数据用途：精准营销、CRM 管理、风险控制等	搜集类似数据资产交易案例相关信息，并从中选取可比案例
技术修正系数 C_1	涉及数据采集、数据传输、数据存储、数据分析、数据发布使用和数据删除销毁等因素	因技术因素带来的数据资产价值差异
期日修正系数 C_2	$\dfrac{\text{评估基准日价格指数}}{\text{可比案例交易日价格指数}}$	评估基准日与可比案例交易日的不同带来的数据资产价值差异
容量修正系数 C_3	$\dfrac{\text{评估对象的容量}}{\text{可比案例的容量}}$	不同数据容量带来的数据资产价值差异
价值密度修正系数 C_4	有效数据和数据资产总价值的单调递增关系	有效数据占总体数据比例的不同带来的数据资产价值差异
其他修正系数 C_5	具体问题具体分析	市场供需状况差异、地域差异等

市场法的基本计算公式：

$$P = V_C \prod_{i=1}^{5} C_i$$

市场法的局限性主要包括场景受限、多变性两个方面。

❑ 场景受限：市场法假设了交易市场是"公开并活跃"的，这与当前各类交易所和交易平台的交易规模小、频率低、收益少的发展现状不一致。在业务实践中，出于准确性考虑，一般需要找到三个及以上的类似参照资产，并将它们的结果进行加权平均，在没有好的参照物的情况下，市场法较难启用。

❑ 多变性：随着交易或市场的变化，市场法的估算逻辑也要做相应调整和分析。截至 2022 年初，国内数据交易主要涉及金融、交通、通信等行业，但更多的行业、场景和市场方兴未艾，这会带来更高的复杂性和挑战性。

上述 3 种数据价值评估策略可以概括成表 6-4 所示。

表 6-4　3 种主流静态定价策略一览表

类别	简述	优势	劣势
成本法	以资产形成的成本为基础计量资产价值	易于理解：以成本构成为基础 操作简单：以成本加权计算为主	不易区分、不易估算、不体现收益
收益法	基于预期收益评估资产价值	能有效衡量资产的实际价值	操作复杂、期限不定、估算不准
市场法	在有效、活跃市场基础上选取可比案例进行资产评估	反映市场：能客观反映目前数据要素市场的情况 真实、可靠：参数和修正系数都是客观指标，相对真实、可靠	场景受限、多变性

6.2.2　其他数据价值评估方法

在国内外研究和实践中，还有如下数据价值评估方法。

❑ 问卷调查法：又称条件价值评估法（简称 CVM 方法），一般用于对环境等公共物品进行价值评估，可参考英国伦敦交通局在这方面的研究。该研究通过对乘客、伦敦经济、伦敦交通局 3 个目标对象展开问卷调查来估算开放数据产生的社会价值。对乘客而言，每年通过开发数据平台提供的实时交通信息和路线规划，节省了 7 000 万～ 9 000 万英镑的出行成本（问卷估算），对社会而言，为整个产业链贡献 1 200 万～ 1 500 万英镑的增值和 700 余个工作岗位。

❑ 非货币度量估值法：这是一种根据特定的资产评估目的，选择相关评估维度构建评估体系，并最终以归一化且无量纲的形式展现评估结果的方法。其中以 Gartner 提出的 IVI、BVI 和 PVI 三类评估模型最为完善，它们分别从信息的内在价值、数据资产与业务的相关性指标以及企业绩效因子（KPI）角度来对数据价值进行评估。比如，腾讯游戏的大数据运营平台的构建思路就类似于 PVI 方法，它通过构建数据资产的"三度"对数据资产的价值进行评估，明确数据资产在企业中的作用。

❑ 数据势能法：这是普华永道在研的一种数据定价方法，针对的是公共开放数据。在宏观角度上，该方法从国民经济生产总值角度出发，剖析数据经济总值占国民经济的比例，通过成分分析层层推出公共开放数据可能的价值区间；在微观角度上，该方法从公共开发数据的特征及撬动其潜在价值的关键因素出发，推出"数据势能"公式，即公共数据资产价值＝公共数据开发价值 × 潜在社会价值呈现因子 × 潜在经济价值呈现因子。通过结合专家打分法，普华永道已完成对 18 个已开放的省级公共数据开放平台的实证评估。

6.3　数据价值评估技术对比

在数据挖掘视角下，通常可以通过评估数据对数据分析模型的贡献来计算其在模型中的内部价值，同时可交叉使用（但不限于）市场法，类比同类场景或数据来进行交易决策；或者请专家对数据的各评价指标进行打分，将定性评价转化为定量指标，利用模糊数学方法或者别的数据驱动分析手段，最终得到数据资产价值。

评估数据对数据分析模型的贡献有以下主流方法。

❑ 贡献度度量法：一种基于统计分析对特征 / 数据重要性进行衡量的方法。

❑ 沙普利值法（SHAPLEY）：一种基于博弈论对参与方边际贡献和剩余贡献进行衡量的方法。

6.3.1　贡献度度量法

贡献度主要涉及数据挖掘中的几个概念。

❑ 特征重要性：进行预测时，每个特征的相对重要性或显著性。

❑ 数据杠杆点：若某数据的预测值偏离较大，那么就可称该数据为数据杠杆点。

❑ 影响点：去掉某数据后，预测发生的变化较大，此时就可称该数据为影响点。

其中，"重要性"是一个相对概念，也就是说，需要一个基线才能计算重要性，这个值越大表明该特征越重要。这个值同时要保证无量纲性，否则比较就会失去意义，如"米"和"秒"并不可比。

"显著性"是一个统计学意义下的专用术语，不是一个通常语言下的概念。

其衡量的是假设该特征 / 数据无效果（量化地说，即效果为 0）时，出现比观测数据更极端情形的概率，即 p- 值（p-value）。这个值越小，表明该特征越显著，也就越重要。

影响点和杠杆点没有必然的联系。在衡量某一参与方数据（假设特征都相同，不考虑引入特征）的重要性时，通常的做法是考虑影响点，但在很多业务实践中，会误将杠杆点甚至是离群点（outliers）作为影响点：需要明确的是，杠杆点的使用场景是对数据质量进行评估，而非数据对模型价值的评估。

值得注意的是，在实际工作中，可以细致区分数据贡献度和特征贡献度，并加以综合考虑。这样做的一大好处是，可以将不同的贡献度衡量标准直接和隐私计算的不同场景一一对应起来。

❑ 在类似横向联邦的场景（即数据分析模型的特征相同，增加不同参与方只是增加观测度）中，可以使用数据贡献度作为主要度量指标。比如，同一集团同一业务在跨国、跨洲业务中均进行数据分析业务，在做事后数据价值评估时就可使用该方法。

❑ 在类似纵向联邦的场景（即用户相同，但参与方的特征要扩充）中，就可以使用特征贡献度作为主要度量指标。典型的场景如联合清算机构和传统零售行业进行联合营销，B2B 地推业务和其他渠道商做联合新客推荐时进行数据（特征）价值评估等。

1. 数据贡献度度量法

数据贡献度的度量方法源于一个直观的问题：去掉某数据后，模型的预测会发生多大变化？在这里我们需要假定模型是固定的，否则衡量结果不一定相同。在 1977 年，Cook 就研究了这个问题的简化版，即删除某一个数据点，会对模型（的预测）有多大影响。

严格来说，假设观测值是 $(\boldsymbol{X}_i, \boldsymbol{Y}_i)_{i=1}^{n}$，其中 $\boldsymbol{X}_i \in \mathbf{R}^p$ 是 p 维的特征向量，$\boldsymbol{Y}_i$ 是响应变量，n 为总样本量。假设建模是 $\sum \|\boldsymbol{Y} - f(\boldsymbol{X})\|_{\ell_2}$，求能达到最小的映射 $f(\cdot)$，具体公式如下：

$$\hat{f} = \arg\min_{f} \sum \| \boldsymbol{Y}_i - f(\boldsymbol{X}_i) \|_{\mathrm{Norm}}$$

这里 $\|\cdot\|_{\mathrm{Norm}}$ 是某种范数。比如我们熟悉的最小二乘线性回归，其可能为 $f(x) = \boldsymbol{\alpha} + \boldsymbol{\beta}^{\top} x$，而范数取 L2，此时我们需求的就是最优的 $(\boldsymbol{\alpha}, \boldsymbol{\beta})$ 组合。为了衡

量删除某一个数据点 j 会对模型的预测有多大影响，可以这么做：

$$\gamma^{(j)} = \frac{1}{N}\sum_{i=1}^{n} \| \hat{f}(x_i) - \hat{f}^{(-j)}(x_i) \|$$

这里 $\hat{f}^{(-j)}(\cdot) = \arg\min_f \sum I(i \neq j) \times \| Y_i - f(X_i) \|_{\text{Norm}}$，即去掉数据点 j 后的预测结果。这个值越大，说明该数据点的影响越大。统计学中，我们把 $\gamma^{(j)}$ 称为数据点 j 的影响点。

类似地，由于计算过程对单点做（granular check）和批量做（holistic check）的计算过程是一致的，所以给定数据集 $D \subset \{1,\cdots,N\}$ 不妨定义：

$$\hat{f}^{(-D)}(\cdot) = \arg\min_f \sum I(i \notin D) \times \| Y_i - f(X_i) \|_{\text{Norm}}$$

数据集合 D 的影响值：

$$\gamma^{(D)} = \frac{1}{N}\sum_{i=1}^{N} \| \hat{f}(x_i) - \hat{f}^{(-D)}(x_i) \|$$

于是在实际有 k 个参与方时，假设数据集合分别为 D_j，其中 $j=1$，$\cdots$，k。令

$$\hat{f}^{\text{ALL}} = \arg\min_f \sum_{i \in D_1 \bigcup \cdots \bigcup D_k} \| Y_i - f(X_i) \|_{\text{Norm}}$$

那么第 k 个参与方的（数据）贡献 $\gamma^{(D_i)}$ 就是：

$$\gamma^{(D_i)} = \frac{1}{\#\{D_1 \bigcup \cdots \bigcup D_k\}} \sum_{i \in D_1 \bigcup \cdots \bigcup D_k} \| \hat{f}^{\text{ALL}}(x_i) - \hat{f}^{(-D)}(x_i) \|$$

这里 $\#\{D_1 \bigcup \cdots \bigcup D_k\}$ 是合样本量。

举例而言，某企业要对下属两个分支机构的数据进行合并分析，其数据分析模型为广义线性模型（generalized linear model），包含了 4 个特征 $X_1, X_2, X_3,$ X_4 和响应变量 Y。具体数据分布和模型如图 6-1 所示（其中上、中、下分别代表合数据、分支机构 A 数据、分支机构 B 数据）。从上到下分别是在两个分支机构的合数据，以及 A 和 B 各自的数据和模型情况。由图可以看出：

❑ B 的数据分布方差表现与合数据表现比较类似，线性模型趋势也和合数据趋势（都是向下）一致。

❑ A 的数据分布方差表现比合数据小了近一半，线性模型趋势也和合数据趋势相反（一个向上一个向下）。

需要注意的是，数据贡献度 $\gamma^{(D)}$ 计算的是"删除某一个数集 D，会对模型的预测有多大影响"，所以 A 的贡献度对应的是图 6-1 右下分图与图 6-1 右上分

图，而 B 的贡献度对应的是图 6-1 右中间分图与图 6-1 右上分图。这与 A、B 位于中、下的位置是反的。考虑删除后的偏离度，可以直观猜测 B 的数据贡献度更大。实际计算也是如此：$\gamma^{(D_A)} = 0.10$，$\gamma^{(D_B)} = 0.34$。

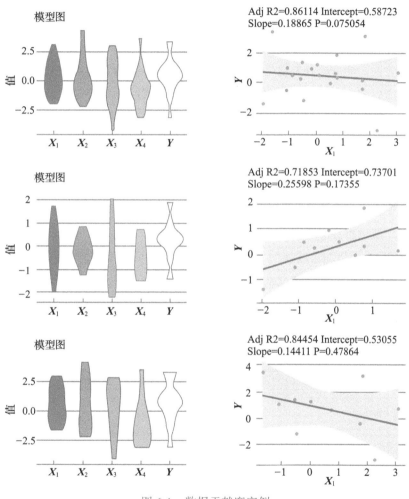

图 6-1　数据贡献度实例

　　基于上述分析可知，在隐私计算过程中，尤其是在联邦学习场景中，如果不需要精确计算 $\gamma^{(D_A)}$，则可以对协调方使用模型的中间结果做一些近似逼近，从而极大降低在整个流程中对价值估计的额外计算、信息传输开销和流程设计复杂度。

2. 特征贡献度度量法

特征贡献度的度量方法有两个来源。

- 源于统计学习中的特征选择方法：如前文所述，有基于统计的假设检验方法和基于统计学习的特征重要性计算方法，这两种方法实际上属于同一种类型，和数据挖掘中的通常方法基本一致。
- 源于博弈论和可解释机器学习的 SHAPLEY 方法：相较于第一种来源的方法，此方法具有更强的稳健性与可解释性，也正是由于来源于博弈论，所以该方法可以在分配方式上进行更多拓展。

对于特征贡献度的方法，在方法论方面和数据贡献度 $\gamma^{(D)}$ 的计算几乎如出一辙：

- 计算合数据的估计；
- 假设去掉某参与方数据，得到新的估计并做预测；
- 使用新旧预测值的某种"差距"来评估特征贡献度。

基于统计的假设检验方法和基于统计学习的特征重要性计算方法的本质是相同的，但也存在差别，这主要是因为统计方法对模型有（隐藏的）分布假定（参数模型），而诸如集成模型、可加模型等中的特征重要性，实际是将参数模型替换成经验分布（如 XGBoost 中用到的直方图估计），也可能直接使用 Bootstrap（神经网络中的 BN 层）或者蒙特卡罗抽样方法（非参数 Bayes）的某种等价方法。表 6-5 给出了一些常见的特征贡献度指标。

表 6-5 常见特征贡献度指标

指标	含义	算法举例
相关性指标	考察特征与相应变量（目标）的相关性：$$\frac{\sum(Y_i-\bar{Y})(X_i-\bar{X})}{\sqrt{\sum(Y_i-\bar{Y})^2}\sqrt{\sum(X_i-\bar{X})^2}}$$	需要联合统计技术，如基于 DP/OT 进行处理。贡献度判别标准：越靠近 1，指标正向（线性）相关性越强；越靠近 0，指标（线性）相关性越弱；越靠近 1，指标负向（线性）相关性越强
显著性指标	构造特征的统计量（如 t-统计量、对数似然检验统计量、秩统计量），对如下假设检验进行显著性和置信区间计算：$$H_0:\beta_{\text{center}}=0$$ 其中，β_{center} 表示待考察特征的效应（可以是多个参数同时检验），比如回归模型中的系数、中位数等	联邦学习中的统计推断问题需要联合统计的技术（如 DP/OT），例如对数似然检验：$$-2(\ell_{H_0}-\ell_{\text{无约束}})\sim\chi^2_{df}$$ 可以使用 DP/OT 技术计算合样本的 MLE 来做检验。贡献度判别标准：p-值越小特征越显著

（续）

指标	含义	算法举例
树模型方法	使用树模型，对特征进行选择和重要性量化	使用 CART、OCT 或 XGBoost 计算重要性，比如联邦学习中的 SecureBoost 算法等 贡献度判别标准：指标越大特征越重要
特征选择方案	使用特征选择和模型选择手段量化特征和模型贡献度	联合 AIC/BIC 在隐私计算中加入 LASSO、Dantzig 等与惩罚相关的有监督模型；在隐私计算中加入约束的无监督模型 贡献度判别标准：指标越大特征越重要

6.3.2　SHAPLEY 方法

SHAPLEY 方法又称 SHAP（SHapley Additive exPlanations）方法，源于博弈论，是一种在"可解释"领域被广泛采用的方法。SHAPLEY 方法处理的是在有多个参与方的情形下，对各参与方的份额进行分配。

SHAPLEY 方法的主要思想是：遍历所有参与方可能的边际贡献组合，通过求平均来估计参与方的剩余贡献。可以看到，这与之前基于决策论在原假设（去掉数据或者特征）或对立假设（不去掉数据或者特征）下求解损失的做法是不同的。具体而言，假设有 k 个参与方，每个参与方的数据集合被定义为 D_k，$D = D_1 \bigcup \cdots \bigcup D_k$ 是一个合数据，或者称为所有参与方组成的"联盟"数据。假设博弈的收益函数为 V，其可以把数据集合映射成实数收益（空集的收益定为 0）。那么在博弈 (V,D) 中第 $i \in 1,\cdots,k$ 个参与方的贡献又称 SHAPLEY 值 $\phi_i(V)$，即

$$\phi_i(V) = \frac{1}{\#\{D\}!} \sum_{\xi \in \mathrm{Perm}(D)} V(S_{<i}^{(\xi)} \bigcup D_i) - V(S_{<i}^{(\xi)})$$

这里 ξ 是 $\{D_1,\cdots,D_k\}$ 的某种全排列，比如 $k=3$ 时候，可以取 (D_1,D_2,D_3)，(D_1,D_3,D_2)，(D_2,D_1,D_3)，(D_2,D_3,D_1)，(D_3,D_1,D_2)，(D_3,D_2,D_1) 中的任意一个；$S_{<i}^{(\xi)}$ 是指序号小于 i 的集合。

SHAPLEY 值 $\phi_i(V)$ 是一个覆盖所有可能贡献的加权平均。由于此方法是一个可加模型，所以实际上，既可针对数据维度（如横向联邦学习）也可针对特征维度（如纵向联邦）计算 SHAPLEY 贡献度指标。这种组合平均实际是一种置换检验，由于遍历了所有组合，所以计算复杂度非常高。但也正因为此，我们可以衡量 SHAPLEY 度量的置信区间，也能进行快速逼近。

实际操作中，SHAPLEY 方法有使用的先决条件，概括起来需要满足如下条件。

□ 不考虑参与方有"负的贡献"。

□ 若某参与方所有边际贡献为 0，那么分配收益为 0。

□ 联盟收益等于参与方收益的代数和。

□ 若参与方在联盟中地位相同（可置换而不影响结果），则分配到的收益相同。

□ 参与方收益可加，如果联盟中有两个博弈，参与者在两个博弈总分配的收益值的和等于在合成博弈中的收益。

由上可以看出，SHAPLEY 方法有较多的改进空间，比如在经济学视角中，我们罗列了多种对收益可能造成影响的直接、间接因素，其中既有和利润相关的客观指标，也有类似社会、产业、人为决策等无法直接和利润挂钩的因素；对"理性人"和参与方地位平等的假设，也在一定程度上与当前的数据要素市场供需关系不符。有相当多的研究在处理上述问题，如使用加权、引入图计算等手段。

下面用一个例子来具象化 SHAPLEY 值的计算。假设有 A、B、C 三家公司，它们各拥有一份数据集，现在需要将三份数据集输入到业务模型中以衡量它们的贡献。

首先要罗列的是，在不同组合下各公司的边际贡献，如表 6-6 所示。

表 6-6　各公司的边际贡献表

组合	边际贡献			总和
	公司 A	公司 B	公司 C	
A,B,C	2	32	4	38
A,C,B	4	34	0	38
B,A,C	2	32	4	38
B,C,A	0	28	10	38
C,A,B	2	36	0	38
C,B,A	0	28	10	38
均值	2	32	4	38

可以验证表 6-6 所示贡献表符合 SHAPLEY 的使用准则，此时边际贡献可以这么看：C 的边际贡献应该看（A,B,C）和（B,A,C）组合，其中（A,B）或者（B,A）的贡献的和为 34，那么 C 的边际贡献就是 4；同理 B 的边际贡献应该看（A,C,B）和（C,A,B）组合，其中（A,C）或者（C,A）的贡献和为 38，那么 B 的

边际贡献就是 0。而对于 SHAPLEY 贡献度，我们考虑的是所有可能组合的加权平均，也就是最后一行的加权均值就是对应的 SHAPLEY 值。由此我们得到，总和收益为 38，A、B、C 公司各自的 SHAPLEY 贡献度为 2、32、4。基于此就可以计算赢得的收益或者对数据进行估值了。

6.4　案例：某省级数据资产化服务项目

为落实国家大数据战略，抓住数字化发展的历史机遇，推进数字经济集聚发展与数字化建设，某省数字化平台公司联合数据宝，以大数据、人工智能、数据安全等技术为支撑，建立了智能安全的数据资产市场化全生命周期管理服务体系。该体系提供数据治理智能化、建模加工产品化、场景应用商品化、流通交易合规化等服务，除可进行平台载体建设外，还可对平台、机构、生态等进行运营管理。此外，在安全运营的驱动下，通过该体系还可以整合数据资产服务商、运营商等产业生态，以促进数据资产化服务技术水平、安全合规水平、服务质量与效率等，从而促进政府、机构、企业、行业和社会等的数据资产化的价值实现、进程和产业生态构建。

1. 痛点分析

1）缺平台的问题：目前该省各级区域、行业、机构、企业均存在缺数据资产化服务平台的问题。随着《中共中央 国务院关于构建更加完善的要素市场化配置体制机制的意见》《中共中央 国务院关于构建数据基础制度更好发挥数据要素作用的意见》⊖《数字中国建设整体布局规划》的出台，各地争相建设数据资产化服务平台以解决数据资产化审核备案的问题，实现交易线上化及数据资产化、商品化功能。除此之外，协同联动区域、行业内各级数据资产化服务平台，构建多级联动数据资产化服务平台也是该省亟待解决的问题。

2）缺数据的问题：高质量、细颗粒度、高时效性、全量是数据资产化、商品化的基础与前提。做好数据安全供给，解决供给侧核心问题，将部委数据与该省全省、各市、县、行业数据融合迫在眉睫，只有这样才能拉动该省区域数据与行业数据优势互补、价值释放。当前该省少数地方解决了区域内宏观数据

⊖　又称"数据二十条"。

开放共享问题，但在数据资产化、价值化，以及全省、各市、县的数据全量归集、数据供给质量、数据供给安全、数据供给范围、数据供给颗粒度、数据供给时效等方面仍然存在很多亟待解决的问题。在数据资产化、市场化价值释放过程中，不仅需要解决跨业务、跨层级、跨行业、跨区域的数据连通问题，还要解决全量化、高质量、高安全、高时效的数据归集、汇聚、融合问题。

3）缺产品的问题：该省现有机构所提供的服务大多都是单纯通过平台做数据接入，不具备将数据资源转换成符合终端用户需求的数据资产、商品的能力。通过数商做数据资产化、商品化是一种方式，但现有数商多为工具类与服务类，这类数商所能满足的数据产品市场需求量有限。目前，绝大多数数商都面临缺数据与数据资产化、商品化加工能力有限的问题，并且分布在全国各地。所以，要想持续进行市场配置，一定要挖掘地方数据价值，构建地方数据资产化、商品化能力，不断提供满足终端客户需求的大批量的接口类、报告类等数据产品，从根本上解决数据产品供给问题，释放地方数据价值。

4）缺场景的问题：要实现数据要素价值流、业务流的闭环，场景必不可少，缺场景、少应用、无闭环、少生态也是目前该省实现数据资产化、价值化过程中需要解决的问题。怎样将财政数据、住建数据、交通数据、医疗数据等应用于金融、保险、征信等行业？怎样将工商数据、税务数据、学历数据、电力数据等应用于普惠金融、城市招商等领域？怎样将公积金数据、社保数据、银联数据、运营商数据等应用于金融风控等场景？这些均为该省乃至全国各地、各行业都在探索的数据应用场景。一个场景闭环就是一个数据闭环、一个"专精特"新企业的孵化过程，众多场景汇聚到一起就可形成数据要素产业生态。

5）缺运营的问题：现今该省的数字化管辖部门，授权当地数字化国有平台或公司做运营。由于数据资产化服务属于新兴业态，大多数国有平台或公司均缺少具有丰富运营经验的人员。虽然一些地方已经初步形成数商生态，服务与市场培育产生初步成效，但运营是系统性工程，数据导入、产品导入、技术导入、场景导入、模式导入、客户导入、经验导入缺一不可，且均需要时间积累，很难一蹴而就，选择站在经验者的肩膀上也许可以快速进行市场化配置，打造数据、业务、场景闭环。

6）缺体系的问题：从数据资产化服务平台的建设和运营，到省、市、县级数据资产化管理条例，以及数据资产化体系、运营规则、成本评估规则、价格评估、资产评估、安全评估等各种机制有待完善。

2. 解决方案

该省数据资产化服务项目，基于大数据、人工智能、云计算、隐私计算、区块链等技术落地，通过数据治理智能化、建模加工产品化、场景应用商品化、流通交易合规化等，实现了数据资产市场化全生命周期管理服务体系。

- ❑ 数据治理智能化：明确数据分类、数据类型、数据格式和编码规则等，结合业务逻辑建立规则库，对数据进行脱敏、加密、清洗，建立结构化的数据库及可供商业化应用的数据服务标准。

- ❑ 建模加工产品化：实现多维度主体信息验证与核验标准化接口产品，并将其广泛应用于金融、保险、物流、汽车等行业。

- ❑ 场景应用商品化：针对交通、发改、文旅、招商等政府部门，以及金融、保险、物流、汽车、互联网等行业，提供数据应用、专项监测、智能分析、异常预警、风险评估等精准场景数据服务。

- ❑ 流通交易合规化：以国有数据赋能地方政府为核心定位，搭建并运营地方数据资产化流通机构，以数据资产化服务为载体，实现国有数据价值最大化。

该省在数据资产化服务项目落地过程中，建立了"1 底座、4 系统、多服务"的数据资产化服务体系，即建立了 1 个数字化支撑底座，4 个业务应用系统，多项运营服务体系。通过这些服务可以向外提供数据资产、数据商品、服务生态建设服务，并将这些服务延伸到数字经济等各相关领域。

- ❑ 数字化支撑底座：数据支撑、能力支撑与业务支撑共同组成了数字化支撑底座。数字化支撑底座可以支撑上层业务应用系统实现与数据资产相关的一系列业务应用功能，提高上层业务应用系统的品质与性能，实现更多的业务应用系统与功能的延伸、拓展与升级。

- ❑ 数据资产系统：构建数据资源与业务价值间的骨干网是政府、企事业单位进行数智化转型的核心引擎，也是实现数据资产系统的前提。数据资产系统通过对主体全域数据资产进行开发和应用，将数据能力嵌入每一个业务流程中的智能大数据体系，让数据实现资产化，并使数据资产可见、可懂、可信、可用，让数据具备敏捷服务能力，并满足不同层级主体对数据服务能力的智能、快速调用，让数据资产最大化赋能业务。

- **数据产品系统**：数据产品系统作为一种新型的区域数据的资产和市场载体，具备数据管理、加工使用、授权运营等功能。数据产品平台具备主动吸收、存储数据的功能，相较于传统的数据中心，数据产品系统除了可以实现数据的物理存储，还能通过数据的加工和融合实现数据的产品化与服务增值。

- **数据流通系统**：数据流通系统是数据持有方和数据需求方实现数据商品买卖闭环的载体。通过构建数据流通系统、运营管理系统、流通主体工作系统、需求撮合系统、流程审批管理系统、运营监管系统、统一用户权限管理系统、统一身份认证管理系统、统一支付管理系统，助推国有数据资产开放、共享、应用落地，激发数据资产流通、增值、变现。

- **数据安全系统**：数据安全系统是数据资产化、市场化过程中的合规监管载体，通过对数据确权监管、产品加工监管、产品准入监管、数据安全监管、银行生态监管、流通流程监管、用法用量监管、各方准入监管、合同存证监管、安全保障监管等核心系统与功能的构建，实现对数据资产化、市场化过程中涉及的数据、主体、资金等进行安全性与合规性监督与管理。

另外，随着"数据二十条"及配套系列条例、法规的不断出台，该省及辖内各地区积极进行政策顶层设计，构建与数据资产化服务体系相关的制度与配套政策，打造数据资产化基础制度，推动有条件的地方和行业开展数据资产化试点，鼓励多层次、多样化数据资产化体系构建，夯实数据资产化基础制度建设，推进数据资产化领域创新布局，强化数据资产化过程中高质量供给机制，加大数据流通使用，加强整体统筹力度。

3. 取得成效

数据宝基于数据资产化服务平台，现已帮助该省完成公共数据资源平台与大数据交易平台的建设与运营工作。

该省的公共数据资源平台，作为与国家和该省各厅局、各市县实现政务数据和公共数据共享开放的中枢通道，是该省政务信息化的核心应用平台。该平台可统一全省数据共享、开放和调度的渠道，形成一体化数据资产共享枢纽，实现全省各厅局、各市县政务数据和公共数据的分域、分层汇聚，为省内各厅局、各市县提供政务数据和公共数据汇聚、处理、治理、管理、共享、开放服务。

该省的大数据交易平台，致力于政务数据与公共数据的产品开发、场景打造、交易供需撮合、资产化与市场化体系及规则体系制定，引领全省数据要素与数字经济体系的创新发展与产业生态构建。

此外，数据宝已成功在国家部委、全国部分省市落地数据资产化服务赋能，江苏、湖南、福建、湖北等多个省的数据资产化、市场化试点项目已启动。

第 7 章
数据安全保障技术

数据安全历来都被认为是数据流通的前提和基础。**数据安全风险贯穿数据流通的所有环节**。本章主要从技术的角度对数据安全进行阐述，包含数据安全风险评估、数据治理、数据安全防护、数据安全计算、数据溯源与确权等，并引入行业数据流通安全保障实例进行实证分析。

7.1 数据安全风险评估技术

数据安全风险评估是对数据流通过程的数据安全风险的识别、评估与判断，其是数据流通各环节的数据持有者必须要实施的一项措施。**本节主要从技术路线和评估过程，对数据安全评估进行具体阐述。**

7.1.1 数据安全风险评估技术路线

数据安全风险评估的基本要素包括数据全生命周期的资产重要程度、威胁、脆弱性和安全措施。**在进行数据安全风险评估时，需要通过现场访谈、文件调阅、技术检测等方式进行。**

进行数据调研时，需要确定数据资产清单，并从国家安全与社会公共利益

影响、企业利益影响、个人权益影响等维度进行分析，以确定数据资产的重要程度。根据关键数据原则选择重要程度较高的数据资产作为评估的重点。

在威胁和脆弱性方面：

❑ 威胁识别主要以人员和管理为基础，辅以主机扫描、Web 应用扫描、安全基线核查和渗透测试等技术手段，从业务和系统方面进行，并对资产的 CIA 进行等级赋值。

❑ 基于资产识别结果及资产重要程度，识别可能存在的威胁，主要涉及来源、主体、种类、动机、时机和频率等方面。根据威胁的行为能力和频率，结合威胁发生的时机，综合计算威胁的等级。

❑ 脆弱性识别应以资产为核心，识别可能被威胁利用的脆弱性，从技术和管理方面对脆弱性的严重程度进行评估，并分别对脆弱性被利用的难易程度和影响程度进行评估。

❑ 在识别脆弱性的同时，需要确认已采取的安全措施是否真正降低了系统的脆弱性，并抵御了威胁。结合资产 CIA 的重要程度、威胁和脆弱性等级，对数据安全风险进行赋值，评估数据安全风险等级。可以从系统资产和业务两方面对系统进行风险评价。对于系统资产的风险评价，可以根据风险评价准则对系统资产风险计算结果进行等级处理。在进行业务风险评价时，可以从社会影响和组织影响两个层面进行分析。社会影响方面涵盖国家安全、社会秩序、公共利益，以及公民、法人和其他组织的合法权益等方面；组织影响方面涵盖职能履行、业务开展、触犯国家法律法规、财产损失等方面。

在安全措施方面，需要按照国家、行业及组织的数据安全政策和标准规范要求，核查是否建立健全的数据安全管理规章制度，并全面落实数据安全职责和安全责任；需要识别业务流程或使用流程、相关数据活动和参与主体，并形成数据应用场景分析报告；需要从业务和系统入手，系统梳理数据资产和数据流转情况，调研数据全生命周期的安全防护现状，并核查数据安全是否合规。

7.1.2　数据安全风险评估过程

传统的信息安全风险评估主要面向网络环境下的数据安全载体资产。这种评估方法基于某个标准设定评估项并展开静态、固化的风险评估。这种方法无法适应数据流动过程中不同环节和不同目标下的安全评估要求。

　　数据安全风险评估以信息安全风险评估的框架为基础，面向数据本身及其数据处理活动，围绕资产的重要程度、面临的安全威胁、脆弱性及安全措施等评估维度，在数据资产识别、法律法规遵从、数据处理活动、数据跨境流动、数据支撑环节等方面建设针对特定数据应用场景的安全风险评估机制。由于数据资产所处环节相对复杂，因此需要特别注意其变化情况。

　　数据安全风险评估流程如图 7-1 所示。

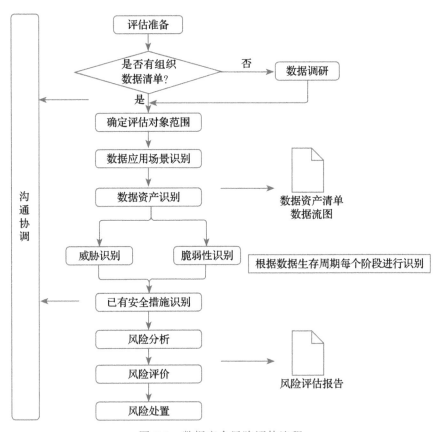

图 7-1　数据安全风险评估流程

1. 评估准备

　　在评估准备阶段，针对数据安全风险评估需求和项目方进行深度沟通，是实施风险评估的前提。为了保证评估过程的可控性以及评估结果的客观性，在数据安全风险评估实施前应进行充分的准备和计划，具体工作包括如下几项。

❏ 确定数据安全风险评估对象。

❏ 确定数据安全风险评估范围。

❏ 组建适当的评估管理与实施团队。

❏ 编制项目实施方案。

❏ 召开项目启动会。

2. 数据应用场景识别

数据应用场景识别包括识别业务流程或使用流程、相关数据活动、参与主体。

❏ 数据应用场景包括主业务调用数据的场景、数据被其他业务系统调取的场景、对组织外部提供数据的场景（合作业务）、员工访问数据的场景、第三方服务人员访问数据的场景等。

❏ 数据活动包括但不限于数据提取、数据获取、数据整合、数据分析、结果存储、数据下载、数据外发、结果展示等。

❏ 数据使用流程各环节参与主体包括人员、内外部系统、内外部接口等。

综合以上各因素对数据应用场景进行识别，输出数据应用场景分析报告。

3. 数据资产识别

在原有的信息安全风险评估理论基础上，数据安全风险评估更加注重数据资产本身的安全性。数据资产清单包括数据类型、数据级别、数据量、数据所在位置、数据载体、数据责任和部门人员等信息。建立数据资产清单并掌握数据重要程度是风险评估的基础，也是数据分级分类管理的基础。按照 GB/T 20984—2022《信息安全技术　信息安全风险评估方法》的规定，数据资产可以按照层次划分为业务资产、系统资产、系统组件和单元资产，数据资产识别主要从这 3 个层次进行。

❏ 业务资产识别：可以通过访谈、文档查阅、资料查阅等方式对业务的属性、定位、完整性和关联性进行识别，主要识别业务的功能、对象、流程和范围等。在业务资产识别阶段，还应根据业务的重要程度进行等级划分并进行赋值。

❏ 系统资产识别：包括资产分类和业务承载性识别两个方面。资产包括信息系统、数据资源和通信网络，业务承载性包括承载类别和关联程度。系统资产价值的赋值主要依据资产的保密性、完整性和可用性，结合业务承载性和业务重要性进行综合计算。该赋值可帮助设定相应的评级方法并对资产进行价值等级划分。

❏ 系统组件和单元资产识别：应进行分类识别，包括系统组件、系统单元、人力资源和其他资产。在赋值过程中，应依据保密性、完整性和可用性进行综合计算，并设定相应的评级方法进行价值等级划分。

数据的重要程度主要取决于数据对国家安全公共利益的影响、对企业利益的影响和对用户个人权益的影响。通过分析，对数据进行重要程度赋值，并根据关键数据原则选择重要程度较高的数据资产作为评估的重点。

4. 威胁识别

威胁识别的内容包括威胁的来源、主体、种类、动机、时机和频率。威胁识别主要分析数据在应用场景流转过程可能影响数据机密性、完整性、可用性及可控性的威胁类型，并进一步分析其属性，包括攻击动机、攻击能力、威胁发生频率，并对其属性进行赋值，这个值越高表示威胁利用脆弱性的可能性越大。所以威胁识别的主要目的是围绕数据生存周期中采集、传输、存储等阶段对威胁进行分类。

❏ 数据采集阶段的威胁包括恶意代码注入、数据无效写入、数据污染和数据分类分级或标记错误。

❏ 数据传输阶段的威胁包括数据窃取、网络监听和数据篡改。

❏ 数据存储阶段的威胁包括数据破坏、数据篡改、数据分类或标记错误、数据窃取、恶意代码执行和数据不可控。

应根据威胁出现的频率进行等级化处理，即不同等级对应威胁出现频率的高低。等级越高，表示威胁出现的频率越高。威胁的频率应参考组织、行业和区域有关的统计数据进行判断。

5. 脆弱性识别

数据脆弱性可以分为技术脆弱性和管理脆弱性两种类型。其中，技术脆弱性包括物理环境、网络结构、系统软件、应用中间件和应用系统等方面，而管理脆弱性则包括技术管理和组织管理两个方面。通过对这些方面的加强和完善，可以有效提高信息系统的安全性。

通过分析脆弱性对数据的机密性、完整性、可用性和可控性的影响，可判断其对数据的影响程度。

脆弱性识别方法主要包括问卷调查、工具监测、人工核查、文档查阅和渗透性测试等。如果某项脆弱性没有与之对应的具体威胁，则无须实施控制措施，但需要注意并监视其是否发生变化。反之，如果某项威胁没有与之对应的具体脆弱性，也不会导致风险。需要注意的是，控制措施的不合理实施、控制措施故障或控制措施的误用本身也是脆弱性之一。控制措施根据其所处运行环节的不同，可能表现为有效或无效。

6. 已有安全措施识别

预防性安全措施可以降低数据威胁利用脆弱性导致安全事件发生的可能性，如构建威胁情报系统、入侵检测系统；保护性安全措施可以减小安全事件发生后对数据、业务或组织造成的影响。

7. 风险分析

风险分析的各项活动在识别具体数据应用场景时展开，需从评估后果、评估事件可能性和估算风险级别 3 个方面进行。

1）评估后果。

❑ 输入：应用场景内已识别的相关情景，包括威胁、脆弱点、数据资产、已有和计划的安全措施。

❑ 活动：在应用场景中完成脆弱性与具体安全措施关联分析后，判断脆弱性可利用程度和脆弱性对数据资产影响度；根据脆弱性对数据影响度及数据重要程度计算安全事件后果。

2）评估事件可能性。

❑ 输入：应用场景内已识别的相关情景，包括威胁、暴露的脆弱点、已有和计划的安全措施。

❑ 活动：根据应用场景中数据威胁与脆弱性利用关系，结合数据威胁发生可能性与脆弱性可利用性判断安全事件发生的可能性。

3）估算风险等级。根据应用场景中安全事件发生的可能性以及安全事件的后果，判断风险值。

8. 风险评价

在完成风险评估后，应输出风险评估报告，对评估过程和结果进行总结。报告应详细说明评估对象、风险评估方法、资产情况、威胁识别结果、脆弱性识别结果、已有安全措施识别结果、风险分析、风险统计和结论等内容。

9. 风险处置

风险处置包括风险处置措施和风险处置方式两个方面。

（1）风险处置措施

根据风险分析结果，数据安全风险评估项目组进行讨论和研究，综合考虑风险级别、风险描述、风险值、风险处置措施、风险处置步骤、相关责任人和预计时间等因素，从技术手段和管理手段两方面提出风险处置建议。该建议必须符合当前网络现状和业务流程要求，并通过技术整改和管理制度整改，初步建立针对该系统的数据安全防护体系。

（2）风险处置方式

针对不同类型的安全风险，可以采取差异化的风险缓解方式。一般可分为控制风险、转移风险、避免风险和接受风险 4 种方式。

10. 残余风险评估

残余风险评估指被评估组织按照风险安全整改建议全部或部分完成整改工作后，对仍然存在的安全风险进行识别、控制和管理的活动。

- 依据组织的风险评估准则进行残余风险评估，判断是否已经降至可接受水平，为风险管理提供输入。
- 若残余风险仍处于不可接受的风险范围内，则应由管理层依据风险接受原则考虑是否接受此类风险或增加更多的风险控制措施。
- 定期开展残余风险评估，评估结果应作为风险管理的重要输入。

7.2　数据治理技术

数据治理技术主要包括数据分级分类和数据脱敏，前者是对《数据安全法》提出的数据分级分类制度的落实，后者是对涉及敏感数据、个人信息数据的一种具体保护措施。二者是实现数据安全保障的基础性措施。

7.2.1　数据分类分级

在围绕数据资产的全生命周期安全防护中，数据分类分级是前置的基础性工作。数据分类强调的是根据数据种类的不同，按照属性、特征进行安全类别划分，而分级是按照规定的标准，对同一类别数据进行高低等级的安全级别划分。**数据安全防护主要关注的是数据分级后的安全防护要求。**

以《金融数据安全数据安全分级指南》为例，根据影响对象和影响程度，数据资产的安全等级可划分为 5 级，如表 7-1 所示。完成数据分类分级后，数据资产在其生命周期的各个阶段将实施必要的、符合安全法规和规范要求的安全防护措施，涉及收集、存储、使用、传输、提供和公开等环节。

表 7-1　金融行业数据资产的安全分级

最低安全级别参考	数据定级要素		数据一般特征
	影响对象	影响程度	
5	国家安全	严重损害 / 一般损害 / 轻微损害	重要数据，主要用于金融业大型或特大型机构、金融交易过程中重要核心节点类机构的关键业务，一般针对特定人员公开，且仅为必须知悉的对象提供访问或使用权限。 数据安全性遭到破坏后，对国家安全造成影响，或对公众权益造成严重影响
	公众权益	严重损害	
4	公众权益	一般损害	主要用于金融业大型或特大型机构、金融交易过程中重要核心节点类机构的重要业务，一般针对特定人员公开，且仅为必须知悉的对象提供访问或使用权限。 个人金融信息中的 C3 类信息。 数据安全性遭到破坏后，对公众权益造成一般影响，或对个人隐私或企业合法权益造成严重影响，不影响国家安全
	个人隐私	严重损害	
	企业合法权益	严重损害	
3	公众权益	轻微损害	用于金融业关键机构或重要业务，一般针对特定人员公开，且仅为必须知悉的对象提供访问或使用权限。 个人金融信息中的 C2 类信息。 数据的安全性遭到破坏后，对公众权益造成轻微影响，或对个人隐私或企业合法权益造成一般影响，不影响国家安全
	个人隐私	一般损害	
	企业合法权益	一般损害	
2	个人隐私	轻微损害	用于金融业机构一般业务，一般针对受限对象公开，通常为内部管理且不宜广泛公开的数据。 个人金融信息中的 C1 类信息。 数据的安全性遭到破坏后，对个人隐私或企业合法权益造成轻微影响，不影响国家安全、公众权益
	企业合法权益	轻微损害	
1	国家安全	无损害	数据一般可被公开或被公众获知、使用。 个人金融信息主体主动公开的信息。 数据的安全性遭到破坏后，可能对个人隐私或企业合法权益不造成或仅造成微弱影响，不影响国家安全、公众权益
	公众权益	无损害	
	个人隐私	无损害	
	企业合法权益	无损害	

1. 组织方式

根据企业组织方式，数据分类分级工作流程大致分为以下 4 个步骤。

❑ 数据分类分级准备：对数据进行盘点、梳理和分类，形成统一的数据资产清单。确定企业采用的分类分级标准，参照国家法律法规、地方和行业的标准规范，以及企业内部的管理要求执行。

❑ 数据分类分级初步判定：按照分类分级标准，对数据资产清单中的库、表和字段进行人工或工具化的识别，完成对数据资产的初步分类分级。

❑ 数据分类分级人工复核：综合考虑数据规模、数据时效性、数据形态（如是否经过汇总、加工、统计、脱敏或匿名化处理等）等因素，对数据分类分级进行人工复核，调整数据资产的分类分级。

❑ 数据分类分级批准：最终由数据安全管理最高决策组织对数据安全分级结果进行审议批准。

在企业的分类分级管理实践中，人工的分类分级难以支撑分类分级基础业务的开展。首先，人工分类分级的工作效率无法匹配企业海量数据资产的产生、加工与流转过程，且容易出现人为失误。其次，在数据产品进入流通市场前，低效率的人工数据合规检查工作无法保障数据产品安全高效地进入交易市场，也无法在安全合规业务中快速完成对敏感资产的识别。因此，企业需要通过分类分级技术工具实现程序化的准确高效识别，并与人工审核相结合，以实现分类分级业务的可管理性。

2. 能力要求

一般来说，分类分级技术工具需具备图 7-2 所示能力，以帮助企业完整可靠地实现分类分级基础管理。

以下是分类分级技术工具需要具备的能力：

❑ 提供基于识别规则管理的分类分级数据识别能力。分类分级工具通常根据各个行业的分类分级规范（例如金融行业的分类分级指南），创建基于数据特征的程序化识别规则，从而实现数据分类的自动化识别。

❑ 提供并发扫描任务的运行管理能力。在处理海量数据时，能够按需按时进行快速识别扫描，以满足分类分级在时效和性能方面的要求。

❑ 通过对数据血缘抓取能力的支持，实现对分类分级数据的衍生管理。在大数据场景中，分类分级原始数据在加工和使用过程中会持续产生衍生数据。通过追踪这些衍生数据，可以有效提升分类分级结果数据的完整性，并防止因数据衍生而发生安全漏洞。

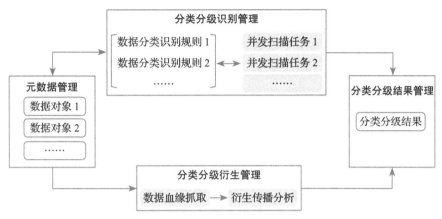

图 7-2 数据分类分级工具的参考架构

❑ 提供分类分级结果的相关管理功能，包括人工复核和标识功能，以及分类分级结果数据的整体可视化能力。

数据分类分级是数据安全治理的前置和基础工作。借助技术工具，可以有效保障数据分类分级管理的开展，并进一步帮助企业实施全生命周期的数据安全策略管理。

7.2.2 数据脱敏

数据脱敏（去隐私化）技术是一种数据处理技术，通过仿真、随机、乱序、遮蔽等方式处理数据，以避免敏感重要数据的泄露。**数据脱敏可根据使用场景分为数据静态脱敏和数据动态脱敏两种。**

❑ 数据静态脱敏是一种数据异步延迟的脱敏方式，通过技术手段对生产中的数据进行脱敏处理后，将其放置于测试中对外开放。常见使用场景包括开发测试、三方测试、数据分析等。

❑ 数据动态脱敏是一种在使用过程中对数据进行实时脱敏的处理方式，通过技术手段在数据被实时访问的过程中，将需要脱敏的数据进行处理，处理后的结果返回前端进行展示。在实时访问生产数据的过程中，按照不同用户、角色权限设置相关脱敏策略。

在数据脱敏技术中,静态脱敏的资产类型兼容、资产内对象支持范围、规则算法的丰富度等,以及动态脱敏的协议解析技术、SQL改写的兼容性、结果集脱敏的特征覆盖范围等,都是数据脱敏的核心所在,直接决定了数据脱敏在不同场景下是否可用。

在数据静态脱敏场景中,不同行业内容的数据特征存在很大差异。如何能够兼容各行业的数据特征,既要实现基于数据特征的自动识别,又要针对相关特征数据进行脱敏处理,保证数据的关联性、完整性、真实性,这是数据静态脱敏技术需要解决的问题。传统基于正则的方式已经无法满足需求,需要结合逻辑判断、函数、机器学习等方式。对特征数据的脱敏是对脱敏技术中内置字典的丰富性和高度的可扩展性的考验。

动态脱敏技术的应用场景主要是串联场景,包括逻辑串联场景,目的是防止对生产数据的随意查看,避免数据泄露事件发生。如何建立完善的具有良好的兼容性、稳定性、高扩展性的分权体系,是动态脱敏技术必须要解决的问题。这要求动态脱敏技术在发展中,不仅能够准确解析来自传统运维方式的来源信息来实现分权脱敏,还需要考虑在以应用账户、堡垒机及其他方式进行数据交互的场景中的关联用户、角色技术。

SQL改写中的协议解析、语义语法、复杂SQL的覆盖等,以及结果集改写中的基于返回结果特征的支持范围等,都是需要解决的产品兼容性问题。动态脱敏技术还需要充分考虑对单点故障、高压下的横向扩展等高端能力的支持。

不同脱敏技术的对比分析如表7-2所示。

表7-2 不同脱敏技术对比分析

脱敏技术	性能问题	安全性	经济成本	其他问题
数据动态脱敏——SQL改写	性能影响较小	取决于脱敏技术、所在环境的安全	适中	应用关联兼容性、协议解析准确度、SQL改写全面度等问题
数据动态脱敏——结果集改写	性能影响较大	取决于脱敏技术、所在环境的安全	适中	基于特征的全面支持问题
数据静态脱敏	不涉及(数据处理)	取决于脱敏技术、所在环境安全,以及生产环境与测试环境的网络连通安全	较小	使用场景固定,资产连接兼容性、数据识别技术、数据脱敏技术、数据关联等问题

数据脱敏技术产品通过一体机、软件部署、虚拟化部署等方式均可实现。

数据静态脱敏产品属于旁路工具类产品，在工作过程中保证网络可达即可。目前，数据静态脱敏技术已被广泛应用于数据处理场景，可满足数据库迁移和数据脱敏的需求。

数据动态脱敏技术无论是应用层实现、SQL 改写还是结果集改写，都属于串联类方式，需要保证请求及结果流量在脱敏所在环境中进行处理。应用层实现主要为新应用开发或二次开发提供支持。SQL 改写技术主要应用于关系型数据库，前端与数据库间用 SQL 语言进行交互，应用场景包括运维、SQL 交互应用等。结果集改写技术主要应用于 NoSQL 场景的交互，例如大数据交互、数据库预置模块调用、API 调用等。

7.3　数据安全防护技术

数据安全防护围绕数据全生命周期进行，涉及数据的采集、传输、存储、处理、共享等环节，本节主要对这些环节的安全防护技术进行分析。

7.3.1　数据采集安全

数据采集又称数据获取，是利用程序或装置从系统外部采集数据的过程。采集到的数据经过清洗，最终输入存储系统。早期主要从传感器和其他待测模拟设备以及数字化被测单元中自动采集数据。随着大数据的发展，如何从大数据中采集有用的信息已经成为影响大数据发展的关键因素之一。在大数据背景下，通过网络、日志以及其他数据采集方式来获取数据。

从数据来源来看，采集的数据主要来自企业和机关内部的信息系统、互联网中的各种 Web 信息系统、物理对象和物理过程的信息系统以及用于学术研究的科学实验系统。

作为大数据产业的基石，数据采集的重点不在于数据本身，而在于数据中蕴含的用于解决实际商业问题的信息。通过对高质量数据进行分析和挖掘，可以对商业决策提供指导。

1. 技术分析

根据所面向的场景的不同，数据采集可分为硬感知和软感知。硬感知主要利用设备或装置进行数据的收集，收集对象为物理世界中的物理实体，或者是以物理实体为载体的信息、事件、流程等。而软感知使用软件或者各种技术进行数据收集，收集的对象存在于数字世界，通常不依赖物理设备进行收集。

（1）硬感知采集技术

基于物理世界的硬感知，是将物理对象映射到数字世界的主要通道，是构建数据感知的关键，也是实现人工智能的基础。硬感知数据采集技术包括如下几项。

❑ 条形码：按照一定的编码规则整合字母、数字及其他 ASCII 字符，通常用于标识货品的唯一性。

❑ 二维码：拥有庞大的信息携带量，可以将使用条形码存储于后台数据库中的信息包含在其中。可以直接阅读条码得到相应的信息，而且具有错误修正和防伪功能，增加了数据的安全性。

❑ 图像数据采集：利用计算机对图像进行采集、处理、分析和理解，以识别不同模式的目标和对象。这是深度学习算法的一种实践应用。

❑ 音频数据采集（也被称为自动语音识别，简称 ASR）：能将人类语音中的词汇内容转换为计算机可读的输入，例如二进制编码、字符序列或文本文件。

❑ 传感器数据采集：传感器是一种检测装置，能感知被检测的信息，并能将检测到的信息按一定规律转换成信号（包括 IEPE 信号、电流信号、电压信号、脉冲信号、I/O 信号、电阻变化信号等）或其他所需形式的信息，以满足信息采集、传输、处理、存储、显示、记录等要求。

❑ 工业设备数据采集：工业设备数据是对工业设备产生的所有数据的统称。在设备中有很多特定功能的元器件，例如阀门、开关、压力计、摄像头等。这些元器件通过工业设备和系统的命令完成开、关或上报数据的动作。工业设备和系统能够采集、存储、加工、传输数据。

（2）软感知采集技术

基于数字世界的软感知能力已经比较成熟，并随着数字原生企业的崛起得到了广泛的应用。软感知采集技术包括数据库采集、日志数据采集和网络数据采集。

❑ 数据库采集：通过在采集端部署大量数据库，并在这些数据库之间进行负载均衡和分片，来完成大数据采集工作。目前，绝大部分业务相关的数据都采用结构化方式保存在后端的数据库系统中。实现数据库采集的方式主要有直接数据源同步、生成数据文件同步和数据库日志同步三种。

- 日志数据采集：日志数据收集是实时收集服务器、应用程序、网络设备等生成的日志记录，目的是识别运行错误、配置错误、入侵尝试、策略违反或安全问题。在企业业务管理中，基于 IT 系统建设和运作产生的日志内容，可以将日志分为操作日志、运行日志和安全日志三类。
- 网络数据采集：以网络爬虫或网站公开 API 等方式从网站上获取数据。

2. 数据采集安全分析

数据采集安全是指在数据采集过程中采取的各种安全措施和技术，以确保数据采集的可靠性、保密性、完整性和可用性。数据采集安全非常重要，因为数据是企业的核心资产，包含敏感信息和商业机密，如果数据在采集时就发生泄露或遭到破坏，那给企业造成严重的损失和影响可能比其他环节出现安全问题还严重。

数据采集安全主要涉及以下几个方面。

- 确定数据来源的可信度和合法性：避免收集未经授权的数据，并对数据来源进行验证和审计。
- 确保数据在传输过程中的保密性和完整性：使用安全的数据传输协议和加密技术：如 HTTPS、SSL、TLS 等。
- 确保数据在存储过程中的保密性和完整性：使用安全的数据存储设备和加密技术，如数据加密、备份和恢复等。
- 确保数据在处理过程中的保密性和完整性：通过访问控制策略，如密码、身份验证、角色权限、访问日志等，限制只有授权人员才能访问和处理数据。另外，还要实施数据清理和销毁策略。
- 防止数据泄露和滥用：定期进行安全审计和漏洞扫描，及时发现和修复安全漏洞，减少风险和损失。
- 制定应急响应计划：对数据泄露和安全事件进行快速响应和处理，减少损失和影响。

总之，数据采集安全是一个综合性的工作，需要从多个方面进行考虑和实施，以保障数据的安全性和可靠性。

7.3.2　数据传输安全

DAMM 中将数据传输安全描述为根据组织机构内部和外部的数据传输要求，采用适当的加密保护措施，保证传输通道、传输节点和传输数据的安全，防止传输过程中因数据被截取所引发的数据泄漏风险，适用于不同应用系统、服务器、终端之间的数据传输，以及面向外部网络的传输。本书将数据传输安全界定为对数据在网络上传输的安全，重点解决数据传输中被泄露、被非授权用户窃取、被篡改等问题，以保证数据的保密性、完整性、可用性。

典型的数据传输安全技术有数据加密、数字签名、数字证书、网络可用性、数据访问控制等，如图 7-3 所示。

❑ 数据加密：数据加密是对数据的机密性与完整性进行保护，应使用可靠的密码基础设施对密钥进行安全托管，保证密钥安全。加密是保证数据安全的常用手段，基于成熟的加密算法为数据加上一层保护罩衣，这样即使数据被截获，也会因很难破解加密算法而使对方无法获得原始数据。常用的加密算法有对称加密和非对称加密。

❑ 数字签名：数字签名算法首先为要签名的数据生成一个 Hash 字串 hash1，然后用所有者私钥加密得到 encrypted(hash1)，这就是数据的数字签名。当别人需要验证数据完整性时，用所有者的公钥解密后的 Hash 值与数据的 Hash 值对比，若一致即为正确。数字签名主要用于保证数据来源的完整性和不可伪造性，所用的技术是散列函数和非对称加密。数据加密的加密通信是用公钥进行加密，而用私钥进行解密，而数字签名刚好相反，是采用私钥加密签名，公钥认证。数字签名的私钥签名过程是通过签名算法来生成数字签名的过程。

❑ 数字证书：为了方便传递公钥密钥，一般把公钥密钥存储在数字证书中。为了保证可信性，证书一般由专业证书机构颁发。CA 就是证书的签发机构，负责签发证书、认证证书、管理已颁发证书，并制定具体机制来验证、识别用户身份，并对用户证书进行签名，以确保证书持有者的身份和公钥的拥有权。要获得证书，应先向 CA 提出申请，在 CA 确认申请者的身份后，会分配一个公钥，然后将该公钥与申请者的身份信息绑在一起并使用 CA 的私钥对其进行签名，这便形成证书。

❑ 网络可用性：通过对网络基础链路、关键网络设备的备份、冗余、弹性扩容能力的建设，实现网络的高可用性，从而保证数据传输过程的稳定性。数据在网络传输过程中依赖网络的可用性，一旦发生网络故障或者瘫痪，数据传输也会受到影响甚至中断。根据 DAMM 的定义，在关键的业务网络架构中应考虑网络的可用性建设需求，对关键的网络传输链路、网络设备节点实行冗余建设。常用技术手段有部署负载均衡、防入侵攻击等设备，以进一步防范网络可用性风险。

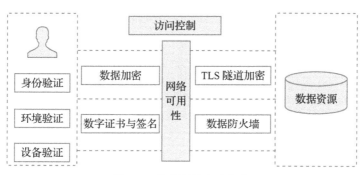

图 7-3　数据传输安全框架

7.3.3　数据存储安全

数据存储安全即通过应用物理设备、技术和管理控制手段来保护存储系统、存储基础设施和其中存储的数据。数据存储安全不仅要防止数据泄露、非法修改或破坏，还要确保授权用户的可用性。

数据存储安全性主要包括机密性、完整性和可用性。数据管理人员必须保证敏感数据不受未授权用户的影响，确保系统中的数据可靠，并确保组织中每个需要访问数据的人都可以使用这些数据。

威胁数据存储安全的因素有很多，如硬件设施损坏、人为错误、黑客攻击、病毒、信息窃取和磁干扰等。

为了确保数据存储安全，需要制定灵活有效的数据存储安全策略，包括数据分类分级、数据加密、数据访问控制和安全审计、数据备份和恢复 4 个方面。数据存储安全架构如图 7-4 所示。

1. 数据分类分级

实施数据存储安全策略的第一步是了解数据存储安全的法律法规。《数据安全法》第二十一条规定：国家建立数据分类分级保护制度，根据数据在经济社会发展中的重要程度，以及一旦遭到篡改、破坏、泄露或者非法获取、非法利用，对国家安全、公共利益或者个人、组织合法权益造成的危害程度，对数据实行分类分级保护。

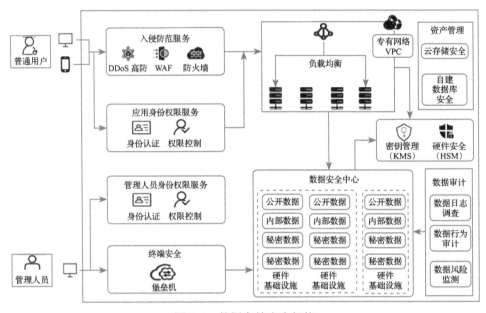

图 7-4　数据存储安全架构

按照敏感程度，数据应分为公开数据、内部数据、秘密数据、机密数据（绝密数据），如表 7-3 所示。

表 7-3　数据敏感程度划分

级别	敏感程度	判断标准
1级	公开数据	可以免费获得和访问的信息，没有任何使用限制或被使用后没有不利后果，例如上市公司财报数据等
2级	内部数据	安全要求较低但不打算公开的数据，例如系统使用手册和组织结构图等
3级	秘密数据	敏感数据，如果泄露可能会对运营产生负面影响，包括损害公司、客户、合作伙伴或员工，例如供应商信息、客户信息、合同信息和薪水信息等
4级	机密数据	高度敏感的公司数据，如果泄露可能会使组织面临财务、法律、监管和声誉风险，例如客户身份信息、个人身份和信用卡信息等

对于组织、企业而言，需要确定所拥有数据的级别，确定不同级别的数据

遭到篡改、破坏、泄露或非法利用后造成的风险，根据不同级别的数据制定相对应的策略和安全措施。数据存储安全策略可帮助管理人员识别敏感数据、监视和保护每个级别的数据分类，从而在最大程度上提高数据安全性。

2. 数据加密

为了成功实施数据防护，企业需要综合考虑关键数据的安全性、应用系统的功能可用性和系统可维护性，从而确定适合企业的加密保护技术方案。企业通常采用以下加密技术。

❑ 磁盘加密：采用块级别加密技术。磁盘加密对操作系统是透明的。AWS的 EBS、阿里云的 ECS 等都支持磁盘加密。

❑ 文件加密：通过堆叠在其他文件系统之上，为应用程序提供透明、动态、高效和安全的加密功能。通常用于加密指定的目录。这种加密方式可能会带来较大的性能损失。

❑ 数据库加密：TDE 和第三方加固是数据库提供的加密技术。TDE 对数据文件执行实时 I/O 加密和解密。数据在写入磁盘之前进行加密，在从磁盘读入内存时进行解密。密钥管理也是由数据库提供的 API 或组件来实现的。数据库加密对应用是透明的。第三方加固是将第三方专业数据库加密厂商的产品内置在数据库中，提供透明的数据加密能力。

❑ 应用层加密：在数据到达数据库之前对其进行加密，可实时保护用户敏感数据。这种加密方式的关键是提供应用透明性，以保证应用程序无须改造或仅需少量改造就可使用。这种方式完全由用户自己控制，无须信任任何第三方厂商提供的数据安全保障服务或产品，可获得充分的自由度和灵活性。

3. 数据访问控制和安全审计

基于角色的访问控制是安全数据存储系统的必备条件。在某些情况下，多因素认证可能是合适的，此时需要强制用户使用强密码以及做好 DDoS 防护、WAF 防护等。数据访问控制通过提供对授权用户的安全访问来维护用户特权，以确保用户仅可访问自己完成工作所需的数据。同时，要建立定义特权用户合法行为的策略，并实时验证用户操作以确保其符合策略的规定。在发生可疑活动时，系统应自动发送警报或阻止用户操作，直到提供进一步的身份验证为止。

审计数据访问行为也是增强数据安全性的一种方法。对重要数据的访问行为持续、及时地进行监控和审计，形成有效的风险报告。及时向管理人员报告新的风险，帮助他们更好地进行数据保护。同时，生成用户访问数据日志，确保日志不能被修改，在一定时间周期内（例如一年）不能删除访问日志。

4. 数据备份和恢复

数据备份和恢复是 保证数据存储安全的最后一道屏障。一些恶意软件或勒索软件攻击可能会破坏企业网络或系统，唯一的恢复方法是从备份中恢复。数据备份应该遵循 3-2-1 原则，即在至少 2 个不同的存储介质上存储至少 3 个数据副本，其中 1 个存储在异地设施中。存储管理人员需要确保他们的备份数据可以在系统发生故障后快速恢复。此外，管理人员还需要确保备份数据与主数据具有相同的数据安全级别。

7.3.4　数据处理安全

数据处理安全是一种技术性和管理性的防护设施，用于确保数据处理系统中的数据免于偶然的或恶性的修改、破坏或泄露。

如图 7-5 所示，数据处理技术架构主要包括计算、收集、脱敏、统计、稽核、审计等组件，数据处理平台作为能力性平台向周边系统或平台提供数据服务。在接入数据服务时，通常使用白名单、账号密码、令牌等认证手段来保障服务接入的安全性。

图 7-5　数据处理技术架构

原数据以不出域为前提，为解决数据计算交换过程中的数据安全和隐私保护问题，通常需要使用联邦学习等技术手段，示意如图 7-6 所示。

在数据脱敏处理过程的前期须对敏感数据进行替换或防伪处理，如图 7-7 所示。

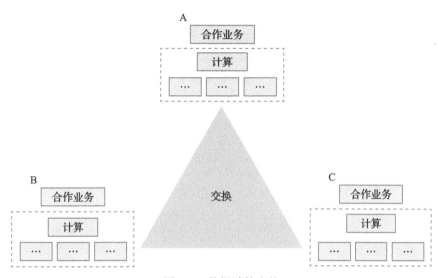

图 7-6　数据计算交换

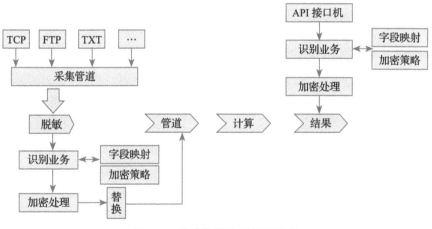

图 7-7　敏感数据处理过程示意

如图 7-8 所示，数据稽核处理过程中可能会穿插多个同步或异步环节，在此过程中无法避免异常情况。稽核原始数据的目的主要是通过最终计算结果逆向核查数据的精准性。

数据审计处理过程允许接受第三方审查，这是有效避免数据非法流失的安全手段之一。数据审计的示意如图 7-9 所示。

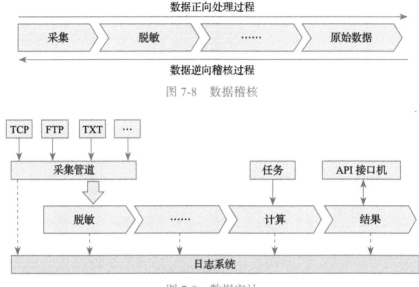

图 7-8　数据稽核

图 7-9　数据审计

7.3.5　数据共享安全

数据共享可以分为数据不出域和数据出域两类场景。数据共享安全需要以数据传输安全为基础，通过数据传输安全技术，如校验技术或密码技术来确保数据的完整性、机密性，防止被篡改、窃取。而**数据共享安全技术重点关注传输层，关注数据在不同数据提供方、使用方之间共享及使用活动中的安全及控制。主要关注点包括接口安全、访问控制（如身份认证及授权）、使用控制、行为审计、事件溯源等。**

数据共享安全核心技术包括 API 技术、隐私计算技术、数据空间技术。API 技术为当前国内主流技术，隐私计算、数据空间属于新兴技术，目前正处于蓬勃发展阶段。

1. 隐私计算技术

隐私计算主要用于数据不出域场景，可协助实现数据价值共享流通的需求，常用技术包括联邦学习、多方安全计算、可信执行环境、同态加密等。

2. API 技术

API 技术已经广泛应用于各种复杂环境，为企业带来了商机和便利。然而，在面对敏感信息和重要数据时，API 技术仍然面临着许多难题，例如易受到各种网络攻击、合作方可能非法保留接口数据和 API 请求参数容易被非法篡改等，这些都可能导致数据被窃取。

从安全技术本身来看，API 技术存在的瓶颈如下。

❑ 身份认证机制，例如单因素认证、无口令强度要求和密码明文传输等。

❑ 访问授权机制，例如授权策略选择不当、授权有效期过长和未及时收回权限等。

❑ 数据脱敏策略，例如脱敏策略不统一导致可通过拼接方式获取原始数据。

❑ 异常行为检测，例如非工作时间访问、访问频次超出需要和大量敏感数据下载等非正常访问行为。

❑ 第三方管理，例如第三方违规篡改、泄露，甚至非法售卖数据。

近年来，国内外发生了多起由于 API 漏洞被恶意攻击或安全管理疏漏导致的数据安全事件，对相关企业和用户权益造成了严重损害。目前，API 技术已经在多个方面进行了安全优化，具体包括：

❑ 完善 API 身份认证和授权管理机制，强化接口接入安全审核，建立健全访问授权机制，严格遵循最小必要权限原则。

❑ 部署 API 网关统一接口管理，利用 VPN 等加密通道传输数据，部署应用防护系统保护 Web 应用，建立 API 访问白名单机制，部署抗 DDoS 工具等来优化 API 安全防护体系，提升抵御外部威胁能力。

❑ 针对短时间内大量获取敏感数据、访问频次异常、非工作时间获取敏感数据、敏感数据外发等异常调用和异常访问行为进行实时监测分析，建立正常行为基线，防范内部违规获取数据、外部攻击或网络爬虫等数据安全风险。

❑ 结合数据分类分级管控措施，针对 API 涉及的敏感数据按照统一策略进行后端脱敏处理，并结合数据加密、传输通道加密等方式保护 API 数据传输安全。

❑ 对接口访问、数据调用等操作进行完整日志记录，并定期开展安全审计，对 API 安全进行回顾，结合旁路 API 流量捕获等技术手段，对传输协议等安全要点进行分析还原，识别 API 漏洞、异常调用、外部攻击等安全风险。妥善保存日志信息，为安全事件追溯提供依据。

总体而言，一些企业正在积极采取措施改进 API 安全技术，但也有一些企业开始考虑其他替代方案技术，例如隐私计算技术和数据空间技术。

3. 数据空间技术

（1）数据空间概述

数据空间源于欧洲国际数据空间（International Data Space，IDS），定位于支持跨企业、跨行业、跨领域实现数据自主权、安全可信流通和具有互操作性的数据共享流通。IDS 提出了基于开放标准的完整参考体系模型（IDS-RAM）和技术体系，并在全球 20 多个国家进行了广泛的基准测试和需求分析。主要的科研、开发和商转化工作由德国弗劳恩霍夫应用研究促进协会的研究所承担。来自不同行业的企业已实施了数百个项目，产出大量产品和解决方案。

国内的《工业互联网创新发展行动计划（2021—2023 年）》提到支持企事业单位、产业组织等在重点行业建立工业数据空间。到 2023 年，将推进工业互联网数据共享行动，将有不少于 3 个重点行业探索建立工业数据空间。2021 年 5 月，中国信通院联合 30 多家企业、院校正式发布了"工业数据空间·生态链"合作伙伴计划，由工业和信息化部信息技术发展司支持。该计划以 IDS 的合约化、结构化、安全可信数据流通使用环境作为突破数据共享流通难题的全新思路，正式启动相关前沿研究及标准制定工作。2022 年初，工业互联网产业联盟联合中国信通院正式提出建立可信工业数据空间（Trusted Data Matrix），并将其作为数据要素市场的核心组成和数据经济的关键数据基础设施。

数据空间的本质是在需要共享流通的合作伙伴之间构建一种互相信任的数据关系，再通过一套数据可信流通技术体系来实现。数据空间能够保障各方数据主权，又能在必要时实现数据共享，从而解决许多数据保护和数据流通的矛盾。数据空间的关键目标如下。

- ❑ 信任：信任是数据共享的基础，通过对参与者的评估和认证来实现，包括静态信任和动态信任。静态信任指的是评估机构和认证机构对参与者及其核心技术组件进行认证。动态信任是指进入市场之后，对参与者及其核心技术组件进行动态监控，实现动态可信评级。数据共享需要实现动态信任，以保障用户数据安全。

- ❑ 数据主权：数据所有者（无论是个人还是企业）对其数据在数据空间内价值链上的流动有完全的控制权，可以自主决定是否流通、流通给谁、如何流通、何时流通、以何种价格流通等。数据主权技术对应数据使用控制技术，通过一系列数据使用协议（usage contract）来确保实现。使用协议由一系列数据访问及使用规则组成，描述了与数据使用相关的各类权限和义务。使用协议以机器可读格式呈现，利用技术手段强制执行，贯穿数据流通使用全过程。

❑ 数据生态系统：生态参与者主要包括核心参与者、中介机构和监管机构。核心参与者是指直接参与数据流通的供需方，包括数据所有者、数据提供者、数据消费者和数据使用者。其中，数据提供者和数据消费者之间通过数据流通连接器进行连接。数据连接器可提供转换数据和接收数据的功能。中介机构通过提供中介服务促进数据流通，包括经纪服务提供者、清算服务提供者、应用商店提供者、数据应用提供者和词汇提供者等。监管机构为满足特定条件的参与者提供认证，从而保证各参与者间的信任，包括认证机构、评估机构和 IDSA（国际数据空间协会）等。

❑ 数据市场：用于提供数据流通交易的运营能力，支撑数据流通生态系统产生商业化价值。比如，经纪服务提供者提供实时的数据搜索、供需对接等服务；认证机构提供对参与方身份及核心组件的评估认证服务；清算服务提供者对数据流通的过程进行记录与管理，提供清算计费服务；数据应用提供者提供数据流通之外的各类数据增值服务，包括数据处理、数据加工、远程执行算法对数据进行分析等；甚至还包括第三方服务商提供使用限制、法律协议等模板支持服务等。各类第三方服务商弥漫在整个数据流通网络之中，对生态系统各个方面进行赋能，实现多赢。

（2）数据空间共享流通技术

为支撑跨企业、跨行业、跨领域的数据共享流通，数据空间的核心是一种叫"连接器"的软件技术，参与者之间通过一个连接器就可以直接相互连通。参与者在连接器之间还可以进行"标准的互操作"。连接器还可以用于连接各种数据云、数据流通交易平台及市场，如图 7-10 所示。

在借鉴 IDS、TDM 系统架构的基础之上，我国数据空间共享流通技术有机结合了国内数据流通产业特点、企业实际应用场景、数据保护及交易法规等。该技术在零信任控制、大数据流批一体、跨域策略控制、分布式网络通信、低代码开发等关键技术上进行了创新突破。现已成功实现了基于数据主权可控下的

"跨域实时分发、多方连接计算、联合机器学习、低代码使用"的工程化产品。

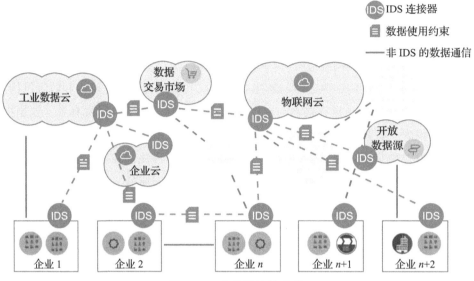

图 7-10　连接器连接示意

数据空间共享流通技术架构如图 7-11 所示。

数据空间共享流通技术架构由数据提供引擎（Data Provider Engine，DPE）和数据消费引擎（Data Consumer Engine，DCE）组成，它们分别是数据提供方和数据消费方的"连接器"。该技术采用点对点跨域数据主权控制信令协议栈，构建出多对多、去中心化的可信、可控、可追溯的数据流通网络。任何一对 DPE&DCE 组成的可信、可控、可追溯数据管道，都可安全灵活地将数据提供方计划开放的数据资产和数据消费方的数据应用有机桥接起来。

数据空间共享流通的核心技术如下。

1）跨域数字身份认证。

❑ 基于 CA 数字证书公钥基础设施（Public Key Infrastructure，PKI）体系，根据国内业务上下游数据流通的特点，优先采用设备互信机制，同时兼容集中式身份认证机制。

❑ 509、OAuth2、OIDC、设备动态属性融合创新。

2）跨域数据使用控制。

❑ 事前控制：策略在线协商。

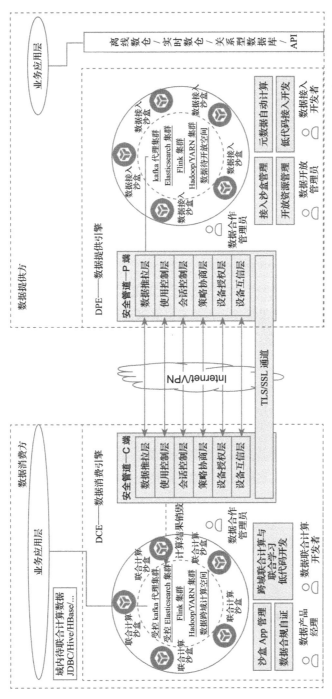

图 7-11 数据空间共享流通技术架构

❏ 事中控制：设备层访问策略控制 +DataApp 层使用策略控制。

❏ 事后控制：日志存证，跨域数据分发传输全程可追溯。

❏ XACML/ODRL 融合创新。

❏ CA 私钥签名和公钥验签，DF-HLM 密钥协商。

❏ 端到端传输安全。

3）低代码开发。

❏ 图形化配置离线数仓、实时数仓、关系型数据库、OpenAPI、数据集文件等类型的开放资源，元数据自动计算。

❏ 域外开放资源内存虚拟表映射技术。

❏ 标准 SQL+UDF 数据加工处理技术。

4）跨域数据安全隔离。

❏ 符合 3GPP NGSIv2 标准，开放空间与核心数据区严格隔离。

❏ 数据入口隔离，流批一体安全沙盒，实现多方数据在内存中按策略要求进行连接计算，结果落地后再按策略要求进行销毁处理。

5）数据合规权益保障。

❏ 与国内数据保护、交易法规深度结合，实现数据合规自证与备案。

❏ 交易所、权威机构平台提供数据合规对接能力。

数据空间共享流通技术的关键能力有如下几个。

❏ 开放空间管理：支持关系型数据库、离线数仓、实时数仓、OpenAPI、数据集文件等各类待开放资源同步配置，定期增量、全量同步，实时进行消息队列同步；支持按逻辑域存储待开放数据资源；元数据自动计算、自动同步。

❏ 设备互信管理：支持线下分发加密 License 文件，包括设备软硬件属性、CA 数字证书、安全级别等；支持线上 CA 数字证书私钥签名、公钥验签，帮各方实现数字身份互信。

❏ 设备授权管理：支持根据合同进行开放资源授权和数据访问控制策略授权，访问控制策略要符合 XACML 标准。访问策略主要包括授权关系有效时间、允许访问的地理位置区间、开放资源访问次数、安全等级等。

❏ 应用授权管理：支持数据消费方上层应用系统对数据合规资料进行管理，双方可在线进行多轮协商来确定开放资源 App 层数据使用控制策略，数据使用控制策略应符合 ODRL 标准。数据使用控制策略主要包括是否落地存储、是否转发第三方、定期删除时间、落地存储操作次数、限定上层应用、限定允许使用字段、限定使用前应进行函数加工处理等。

❑ 应用会话管理及控制：支持在线实时校验和控制数据加工处理代码逻辑；支持以加密心跳方式防止不合规获取数据；支持数据加工处理后执行数据删除策略；支持数据消费方、提供方以跨网络远程协同方式维护数据使用会话管控策略，防止违规数据使用。

❑ 数据使用控制：支持基于 XACML、ODRL 策略进行实时综合鉴权。

❑ 数据推拉管道：支持以推、拉两种方式远程实时按需获取数据，全程采用对称加密。

❑ 低代码开发工具：支持数据消费方开发人员基于 SQL+UDF 形成的 DAG 执行图进行快速开发；支持沙盒 App 运行的一键式提交 / 运行功能。

❑ 多方联合计算沙盒：支持限制策略范围之外的 I/O 操作；支持执行由 SQL+UDF 形成的 DAG 执行图；支持连接数据消费方内部与外部提供方的数据，以统一方式进行数据连接；支持基于主权控制的多方联合计算及机器学习。

❑ 跟踪审计：支持数据流通、使用全生命周期行为追踪及可视化展现。

数据空间技术、隐私计算技术和 API 技术相互融合，形成了一种覆盖全场景、高效、低成本、可信、可控、可追溯的新型数据共享流通方案，将有助于推动国内数据要素市场的发展。

7.3.6 案例一：抚州市"数据银行"项目

抚州市"数据银行"项目旨在抚州市政府监管下，在对政府、企业以及个人海量数据进行全量存储、全面汇聚、规范确权和高效治理的基础上，通过数据资产化、价值化运营，来促进数据融通、挖掘数据价值。

1. 痛点分析

本案例依托当地政务数据资源和大数据公司资源，旨在帮助政府整合产业资源、协调管理抚州市及县级政府数据，盘活现有数据资产资源，促进产业赋能、数据招商、城市记忆以及区域联盟等多维价值的实现。

本案例利用数据银行运营平台提供的超大容量蓝光存储技术、全介质全场景一体化智能存储技术、数据湖数据资源管理技术、数字视网膜技术等，探索以技术创新倒逼体制改革的新路径，打造以现代科技逻辑为支撑的数据治理体系。通过标准化场景运营、受托服务运营和数据保险箱服务运营，实现模式创新和业态创新，带动本地龙头企业共同利用好抚州数据资源池，探索数据运营服务的多样性，形成百花齐放的数据产业格局。

数据银行概念示意如图 7-12 所示

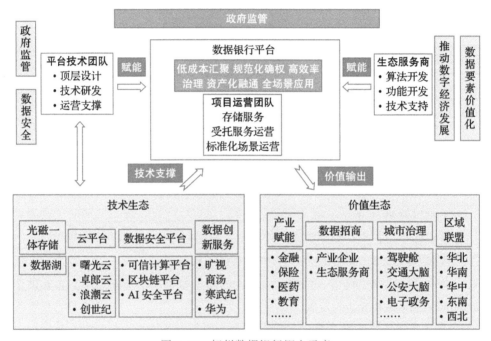

图 7-12　抚州数据银行概念示意

2. 解决方案

抚州市数据银行项目整体建设框架可分为技术层、运营模式层和数字经济层（见图 7-13），能够架构起数据银行从技术支撑到数据价值化的路径，并最终推动数字经济发展。具体流程如图 7-12 所示。

抚州市数据银行平台依托技术支撑平台搭建起数据资源池，实现了数据的有效汇聚、治理和开发。该技术支撑平台包括光磁一体存储平台、云平台、大数据基础平台和区块链的基础平台，以及进行数据资源管理的数据中台和各种业务支撑服务。在技术层的最上层形成了抚州市专属的数据资源池，搭载开发者平台的支撑工具，实现了数据原材料到数据服务商品的快速、高效、安全转换。

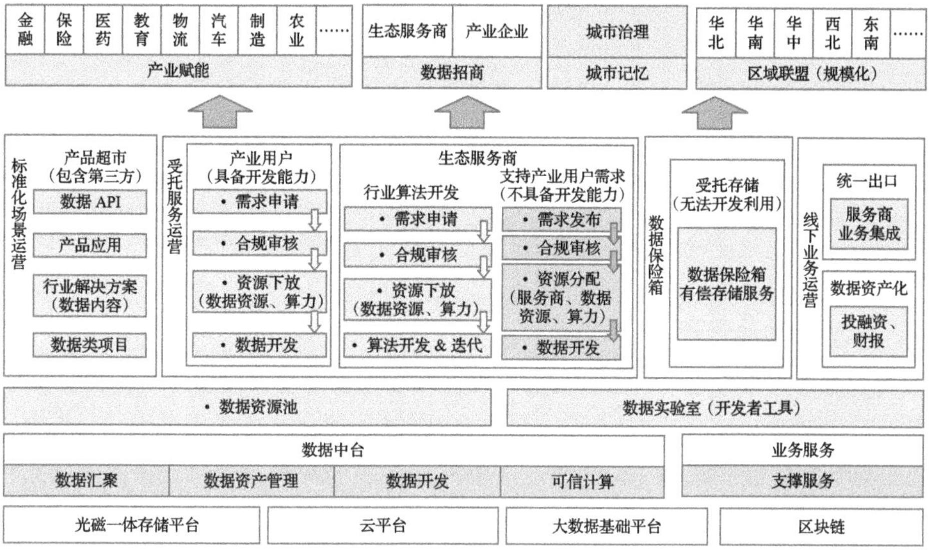

图 7-13 抚州数据银行整体建设架构

该数据银行的运营模式是抚州市对数据进行价值化的模式，其中数据保险箱服务为数据拥有者提供有偿存储服务。抚州市在数据银行的基础上，开展了标准化的场景运营和受托服务运营，以激活抚州数据资源池的数据价值。标准化的场景运营是指数据银行针对可开发利用的数据进行开发并形成标准化的产品超市，包含 API、产品应用、行业解决方案、数据类项目等服务产品。受托服务运营是指在不出库的情况下，支持具备开发能力的产业用户和生态服务商按需开发数据服务。其中，具备开发能力的产业用户通过向数据银行发起数据需求申请，在经过合规审核后，可以利用数据银行上的开发工具对数据进行开发。生态服务商一方面可以利用数据银行的数据资源池进行自身行业算法的开发和调优迭代，另一方面可以为不具备开发能力的产业用户提供数据定制开发服务，并从中获取佣金。

数字经济层是数据多维价值实现层，主要包括产业赋能、数据招商、城市记忆以及区域联盟，这是数据银行实现善政惠民、兴业引才的最终落地形式。

抚州市数据银行平台的建设采用"一个平台、两种运营"的模式。其中一个平台是指数据银行统一线上运营门户，即数据银行平台，这是全面支持数据银行业务展开的统一平台，为政府、数据供应商、生态服务商、数据需求方、数据银行运营人员等多种用户提供数据的存储、治理、加工、开发和监管服务，为三大运营模式提供平台支撑，实现了数据融通的全生命周期管理和商业化运营，可充分激发数据价值。两种运营是指线上运营和线下运营。线上运营依托数据银行统一线上门户，通过线上平台，完成标准化场景服务运营、受托服务运营以及数据保险箱服务运营。线下运营则设置了专门的数据银行业务大厅，承接各种数据融通业务，同时承担孵化器职能，是数字招商企业的过渡期办公场所。

3. 取得成效

目前，抚州市基于数据银行已落成的标准化运营场景包括公积金数据 API、商保直赔场景和部分外省数据产品的引入项目。在赋能政府场景中，数据银行通过对抚州视频数据的全域解析，一方面将处理的视频数据作为数据训练素材为第三方人工智能企业提供算法和训练数据服务；另一方面，通过对视频数据二级开发应用，为抚州市全域事件发现规范化提供支持。

数据银行的建立，满足了政府和企业对数据资源的需求，加速了政务数据的开放，促进了数据招商。同时，对于数据的安全管理也做出了详细规划，保障了数据的流通和使用。未来随着更多的应用场景落地，数据银行将为抚州的数字经济产业发展提供更多的动力。

本案例中数据银行项目安全技术体系如图 7-14 所示。

4. 运营机制

为进一步加快破除信息孤岛、促进技术应用融合、实现服务管理协同，抚州市按照数字经济发展思路，依托"数据湖＋"发展战略，搭建出数据银行这一新型数字经济基础设施平台，走出一条借助数据要素提升政府管理和社会治理能力的智慧化路径。

具体而言，抚州市政府将政府数据运营权集中授予具有国资背景的数据银行项目公司开展数据运营服务。同时，抚州市政府指定市大数据中心具体负责指导、监督和协调推进政府数据运营服务工作。数据银行运营模式将数据要素作为国有资产进行市场化运营。该运营模式包括以下几个方面。

❑ 将政府数据运营权集中授予本地国资公司运营，产生的经济收益能够以国有资产运营收入的方式进入地方财政，这实质是将政府数据作为国有资产进行运营。

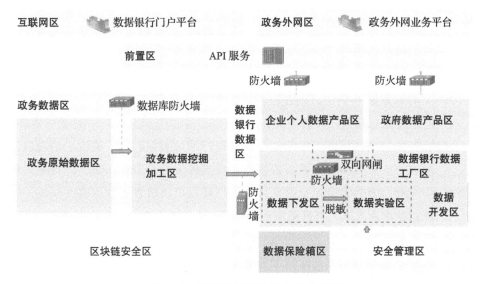

图 7-14　数据银行项目安全技术体系

☐ 不改变政府部门对各自数据的管理权，并通过全程留痕和透明的方式记录数据使用情况，便于政府数据授权运营的全程监管，有效连接数据需求方和数据供给方。

☐ 以数据服务方式为数据使用单位提供服务，充分利用数据湖的独有优势，运用技术手段避免数据使用单位复制和再现相应数据，确保政府数据的经济价值被有效开发和利用，实现政府数据资产的保值、增值。

5. 可推广性

本案例在以下几个方面具有可推广性。

☐ 促进政府数字化转型。本案例由市政府直接牵头，保障运营平台可以获得所需数据，数据运营服务的经济效益可同时用于提升政府数据运营服务单位自身数据服务能力和政府治理能力。

☐ 赋能产业、区域创新生态系统转型。利用数据银行可充分发掘各产业企业在数据创新方面的潜力，切实满足各市场主体对政府数据的需求，进一步推动更多主体参与到数据创新应用中，实现社会治理从条块分制向整体联动改变，形成积极参与智能化创新治理实现良性生态闭环，推动社会治理实现智能化、精细化。

❑ 保证政府数据的高效治理和价值化。本案例采用集中统一的政府数据授权运营模式，便于地方政府在源头上对政府数据运营服务进行监管，一旦发现平台运行、网络安全、服务定价等方面存在问题，能够在第一时间做出响应，将损失和影响保持在可控范围。相反，如果授权给两家以上的运营服务单位，则存在较大的数据安全隐患和非常高的协调成本，特别是数据授权之间的冲突和矛盾。

❑ 实现全场景应用的多维效益。数据银行通过数据存储、确权、治理以及融通等一系列操作，希望将数据要素落地于各个产业一线，广泛融入城市交通、公共安全、金融支持、生态环保以及教育医疗等多个领域，赋能行业产业发展，提升城市治理效能。

❑ 可复制性强的价值共创模式。由于数据银行本身相对容易施行，且地方政府具有较强的数据运营服务意愿，所以可以实现通过数据运营促进经济社会全面数字化转型。地方政府将政府数据作为重要资产，不仅可以充分赋能社会发展，而且能通过数据保值、增值助推政府运营服务能力的全方位提升。

7.3.7 案例二："爬梳剔抉"车企数据，"曲突徙薪"数安风险

1. 痛点分析

本案例面临的挑战包括：数据资产私自搭建，存在重大安全隐患；账户信息不清晰，无法统一管理；数据资产不清晰，安全防护存在诸多漏洞；敏感信息未分级，无法避免一刀切。

2. 解决方案

本案例实现了数据资产梳理系统，该系统已从如下两个方面对数据资产进行了梳理。

❑ 利用数据资产梳理系统的粗粒度技术对长安汽车的结构化和非结构化数据资产进行深度挖掘和扫描。在一个小时内，共盘点出数十个结构化数据库和数百个非结构化文件。

❑ 利用细粒度技术对数十个数据库中的两个数据库进行挖掘扫描。在半小

时左右，共盘点出了近千个数据库表和数千个字段项，并对字段项中的数据进行了五个等级的打标处理，解决了数据级别划分的刚性需求。

在进行资产梳理的同时，对数据库账户也进行了同步梳理，识别出数十个数据库账户并将其纳入平台进行审计。通过对静态和动态数据进行 30 天 24 小时实时监控分析，发现了新资产上线和旧资产下线情况以及少量的疑似风险操作，并已发出告警。本案例产品已接受内部数据资产检查共两次，基本满足了自查要求。

3. 取得成效

从大的方面说，本案例得到了如下战果。

❑ 全面梳理，形成资产台账。对长安汽车的结构化和非结构化数据进行全面梳理，包括元数据、数据库、表、字段、账户信息、敏感数据等，形成了资产台账，为安全防护体系的建设、安全策略的配置和资产的日常管理提供了直观依据。

❑ 数据流向实时监控。对长安汽车资产的数据流转和使用情况进行了监控和梳理，明确了数据流向，帮助用户识别了数据使用过程中的风险和隐患。

❑ 协同防控，提供有力支持。数据资产梳理系统可以作为长安汽车资产流转权限的鉴别中台。当数据安全设备遇到数据流转时，通过数据资产梳理系统获取该数据的相关信息，以便确定该数据的流转是否符合管理要求。如果符合要求，则放行，否则拦截，实现了数据安全体系的协同防控。

7.3.8　案例三：零信任助力普陀大数据中心数据安全开放

为响应国家及上海市发布的《国民经济和社会发展第十四个五年规划和二〇三五年远景目标纲要》中关于数字中国的建设要求，普陀区积极落实"数智普陀"数字化转型实验环境建设。上海市普陀大数据中心是普陀区人民政府直属事业单位，主要承担全区政务外网、电子政务云及大数据平台建设和管理工作。单位业务的扩展导致越来越多的运维人员（包括第三方外部运维人员）必须远程连接到大数据中心内网进行运维操作。然而，部署 VPN 实现远程运维会导致内网其他业务暴露，因此，大数据中心需要具有更高安全性的产品。

安几科技可提供零信任安全接入解决方案，这可为"数智普陀"保驾护航。

安儿零信任是一款网络安全防护产品，集成了丰富的功能。它采用自主知识产权的软件定义边界（Software Defined Perimeter）技术，结合 AI 大数据研判，提供实时态势感知大屏，用于人员对业务系统的访问和威胁的追踪和审计，可有效解决用户访问应用业务场景时的安全问题。此外，它还适用于云计算、大数据等新业务场景，是新一代动态可信访问控制体系。

1. 痛点分析

普陀大数据中心在数据安全开放面临的主要问题如下。

❑ 传统安全保护手段失效：大数据应用使用开放的分布式计算和存储框架来提供海量数据分布式存储和计算服务。新技术、新架构、新型攻击手段带来新的挑战，使得传统的安全保护手段暴露出严重的不足。

❑ 数据应用访问控制难度大：访问政务大数据中心的部门，以及运维、外部人员分散，各类数据应用通常要为不同身份和目的的用户提供服务，这为身份鉴别、访问控制、审计溯源带来了巨大的挑战。

❑ 数据量大且潜在价值高，极易成为攻击目标：针对高价值数据边界的猛烈攻击，攻击者大量利用弱口令、口令爆破等手段，在登录过程中突破企业边界，在传输过程中截获或伪造登录凭证。大型组织发起的 APT 高级攻击，还可以绕过或攻破数据中心的访问权限边界，在数据中心内部进行横向访问。

❑ 动态数据流转使得静态的安全策略失效：大量数据在实时传输、存储、处理、交换、销毁，静态安全规则只能缓解数据流转中的各环节风险，难以度量不断变化的安全风险情况，难以在人员或应用访问数据过程中动态授予访问控制权限。

❑ 内部员工的非法访问："合法用户"非法访问特定的业务和数据资源后，会造成数据中心内部数据泄露，甚至可能发生内部员工"获取"管理员权限，导致更大范围、更高级别的数据中心灾难性事故。

2. 解决方案

为解决上述问题，普陀大数据中心采取了如下解决思路。

❑ 零信任数据安全访问架构（见图 7-15）：为应对安全挑战，普陀大数据中心基于零信任安全访问架构在用户、外部应用和大数据中心应用之间构建动态可信访问控制机制，确保用户访问应用的安全可信，保障大数据中心的数据资产安全。

❑ 设置零信任安全接入区域：在大数据中心外部设置安全接入区域，所有用户接入、API 调用都必须通过安全接入区域访问大数据中心，实现业务人员、运维人员、外部用户和应用对于数据中心 API 服务的安全接入，同时依据访问主体实现 API 接口级别的访问授权。

❑ 部署统一身份管理：将用户、终端和调用 API 程序组合到一起作为访问主体，对访问主体进行身份鉴别和安全监测，并将其作为访问控制信任基础，保证身份和终端可信。同时，对访问主体到大数据中心内部资源的连接进行隔离，建立细粒度访问权限控制机制，防止访问主体越权访问。

❑ 启用自适应安全策略：基于业务之间的访问逻辑，快速发现内部不合规访问流量，为安全策略的调整提供决策依据。当数据中心发生变化时，通过策略分析引擎的计算，快速自动配置安全策略，加速安全工作流程，减少人为导致错误的风险。

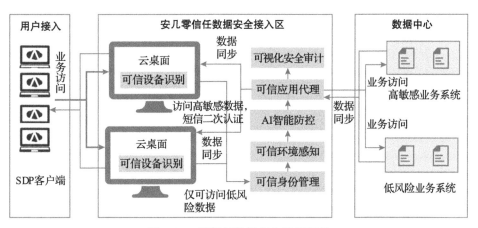

图 7-15　零信任数据安全访问架构

3. 案例成效

本案例具有如下特点。

❑ 符合信创需要：支持非 X86 架构服务器部署，针对统信 OS、中标麒麟等国产操作系统，具有良好的兼容性。

❑ 安全态势可视：安几零信任提供了安全态势大屏，可实时监控内外部安全风险，降低通过日志分析安全风险的难度。

□ **敏感信息监测**：大数据中心存储着大量敏感业务数据，安几零信任能够针对用户或程序调用的 API 接口中的数据进行敏感信息识别，降低信息泄露带来的安全合规风险。

□ **支持多种协议**：安几零信任对 B/S 和 C/S 架构的应用都具备良好的兼容性，同时支持 SSH、SFTP、FTP、Telnet 和 RDP 等常用的运维协议。

□ **兼容既有身份基础设施**：安几零信任可依托 4A、IAM、AD、LDAP、PKI 等基础设施，满足企业统一身份管理的需求，降低建设成本。

安几零信任助力普陀大数据中心实现了具有全面身份化、授权动态化、风险可视化、策略自动化和安全常态化等特色的新一代网络安全架构。这种架构可以极大地缩减暴露面积，有效缓解外部攻击和内部威胁，为"数智普陀"奠定安全根基。

7.3.9 案例四：翼集分大数据平台

翼集分大数据平台以自有数据源和集团数据湖作为资源聚合基础。该平台通过多源异构数据汇聚引擎、模型算法和数据治理技术实现数据资源标准化和资产化管理。它具备数据标签、模型、画像、触点和风控能力，能够在区域洞察、行业报告、风控服务等应用场景中实现数据赋能千行百业。

本案例中的数据平台整体架构如图 7-16 所示。

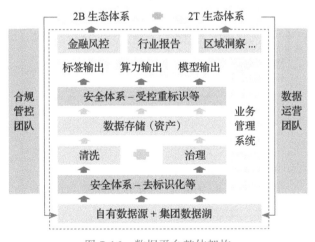

图 7-16　数据平台整体架构

1. 解决方案

翼集分大数据平台主体采用以去标识化及受控重标识为基础的安全框架，作为数据采集、存储、流通、交易的安全保障。该数据平台 xID 方案如图 7-17 所示。

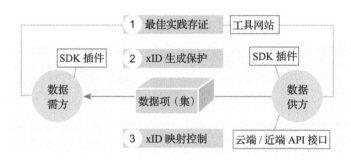

图 7-17　翼集分大数据平台 xID 方案

在数据采集和存储过程中，翼集分大数据平台会对包含个人信息或通过关联分析可以导出个人信息的数据进行去标识化处理，以确保处理数据时或与其他方进行交互计算时有足够的安全保障。在具体的数据应用过程中，会根据业务场景的不同，以数据处理对象为群体还是个体，来决定是否启动受控重标识能力。

对于以群体为对象的数据，无须进行重标识。对于流通域内的去标识化数据可以直接加工和利用。对于以个体为对象的数据，需要利用受控重标识，匹配、汇集、重构和形成包含个人信息的数据。在离开流通域后，在应用私域内使用包含个人信息的数据时，要遵循现行法规。数据供应方需要按照"经过处理无法识别且不能复原"的原则处理数据。同时，数据需求方需要遵循"征得数据主体的同意"的法律规定。

该安全方案有效解决了与风控能力需求方间的数据安全有效交互问题。

2. 取得成效

翼集分大数据平台取得的主要成效如下。

❑ 区域洞察：通信运营商的通信行为数据、网络行为数据经平台侧的流式处理，结合大数据平台离线分析结果，进行关联融合分析，形成人口分析、人流预警、商圈规划等功能。通过 GIS 地图展现，实现对政府和企业的区域洞察大数据服务。通过大数据价值挖掘，可以满足智慧城市、网络营销等新兴产业的信息服务需求，拓展新型的信息服务模式并获得持续的收入增长。

❑ 行业报告：通过对电信终端产品和服务数据、外部数据以及平台已有基础数据的梳理分析形成行业知识。结合基础属性、终端属性和价值属性的标签数据，建立行业报告模型和行业报告产品，例如旅游行业报告、经济发展报告、收视率报告等。

❑ 风控服务：完成数据采集、数据上报、风险分析、风险控制及定制化开发。通过家庭宽带 IP、手机网 IP、物联网 IP、IPv6 和海外 IP，识别多样化黑灰产业手段。通过 IP-AD 映射、用户行为识别、访问阻断等核心能力，对接金融行业、政府公安以及互联网企业。通过特征库、算法策略等进行 IP 反欺诈风险检测。

7.3.10　案例五：跨行业数据在联合营销场景下的共享应用

本案例基于 DataTrust 隐私计算平台，实现了某大型商业银行与电商平台的营销合作，打破了跨平台间的数据协作壁垒，推进了跨行业数据流通。这是隐私计算在银行营销领域的典型应用。对银行而言，本次合作提升了品牌认知度和黏性，同时促进了业务持续增长；对电商平台而言，提高了用户活跃度、订单量和 GMV。

1. 痛点分析

银行信用卡业务在便利群众支付和日常消费中发挥了重要的作用。2021 年中国银保监会要求银行睡眠用户不得超过 20%，信用卡业发展进入存量时代，精细化运营存量用户成为银行信用卡部门的战略目标。电商平台深耕零售领域，具备全链路营销方案、多维度触达渠道、高曝光资源位，具备广泛的数据维度和精准数据纵深，是信用卡促活的"完美"阵地。

然而，由于合规监管和商业价值衡量等原因，多方机构不能直接共享数据。企业之间的业务协同需求更加紧迫，数据协同成为多方面临的重要难题。

针对此场景，DataTrust 提供隐私计算能力，实现了双方数据融通，解决了业务数据安全流通问题，同时推动了双方业务增长。

2. 解决方案

本案例中，通过 DataTrust 隐私集合求交技术，在保证原始数据不可见、合法合规的前提下，实现多方数据安全匹配。

以 DataTrust 隐私计算平台为基础，双方部署 DataTrust 隐私计算节点，准备撞库 ID 并进行去标识化处理，通过 PSI 功能实现撞库确认关联客群。撞库后得到交集用户。银行侧进行营销方案设计，并同步到电商平台侧，其中涉及营销总预算、单笔活动上限、品类偏好等内容。平台侧进行精准人群策略设计，通过运营平台进行权益匹配，包括但不限于支付立减、针对银行的主题活动、支付红包等。此操作链路可确保原始数据在物理和逻辑层面均不出域。在平台侧进行权益投放，用户参与活动可实现权益核销。联合营销流程如图 7-18 所示。

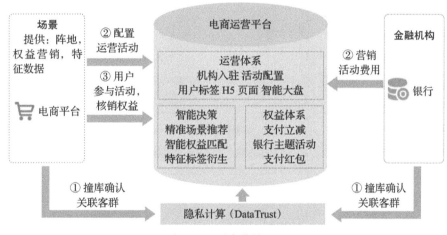

图 7-18　联合营销流程

在落地层面，区别于传统的单用户集群计算，多方安全计算是一种天然支持跨地域、有复杂调度需求的计算模式。多方安全计算会考虑客户的成本问题，能够用低成本且高稳定的系统能力，完成跨地域复杂计算任务（这是多方安全计算平台高性能的重要表现之一）。DataTrust 对隐私计算功能进行封装，实现了在客户复杂网络下的轻量级部署（见图 7-19），同时自研双层调度模型，率先支持了安全多方的协同调度、任务自动重试、进度可视化等重要功能。

3. 取得成效

通过使用 DataTrust 隐私计算技术，银行可以改进营销模式，引入跨行业的高质量用户数据，并通过 ID 安全匹配得到精准的用户画像。相比于原有的营销模式，这种方式可以帮助银行实现多维度可视化分析服务，包括投放策略可解释、投放价值可预测、过程可调优、效果可核查等。这样一来，银行可以摆脱传统的盲投营销方式，并提升精细化经营水平。

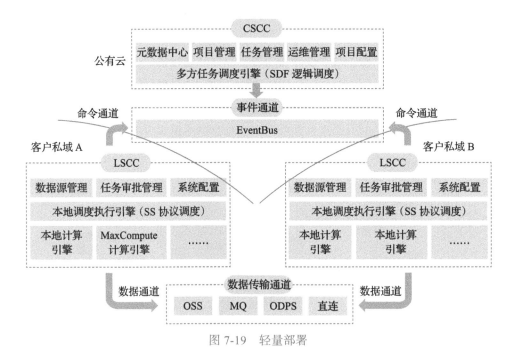

图 7-19　轻量部署

从客户的角度来看，传统营销模式中银行无法准确分析客户需求及行为偏好，只能采取"广而告之"的营销手段。这种方式不仅浪费了营销资源，还可能打扰客户，令其反感。通过引入异平台数据特征，改变银行业务营销方式，可实现数据模型精准营销，达到增效的目的。

从数据流通的角度来看，银行单方面的数据信息无法完全支撑其精准营销服务，因此需要整合更多维度的数据。本案例中银行在 DataTrust 的助力下，实现了数据可用但不可见，并优化了传统的营销模式。这样一来，银行可以减少对用户的低质营销，推动金融业的良性发展。同时，也让日常高频的传统营销变得更加轻松、便捷、智能，从而优化了消费者服务体验，助力打造联动进阶营销新模式。

7.3.11　案例六：城市级碳治理平台

零幺宇宙城市级碳治理平台是提供给耗能企业使用的平台，可以完成碳数据采集、核验、中和、存证以及查询等功能。

1. 痛点分析

在双碳（碳达峰和碳中和）目标下，碳数字资产是一种非标准化的虚拟数字资产。当前存在的主要问题有如下几个。

- ❑ 碳数字资产需要避免单方面宣称的不可验证性，目的是解决可信度问题。碳数字资产的基础数据、过程数据、结果数据、流转数据需要多方提交、参与和认定，从而确定数据的真实性。
- ❑ 在交叉验证碳数字资产的数据时，需要避免企业敏感数据泄露。只有碳数字资产的数据与生产过程数据、财务数据、采购数据等核心企业数据直接关联，才能确保碳数字资产数据与企业核心数据交叉验证，但同时又不泄露企业的生产经营数据。
- ❑ 企业碳数字资产的数据尚未完成标准化。需要与行业条线的数据、所在区域的碳数据，以及碳交易碳登记市场标准统一，实现数据联通互认。

因此，具有数字资产管理能力的合规高性能联盟链，在深度整合了隐私计算能力的基础上可解决以上问题。零幺宇宙城市级碳治理平台提供边缘、聚合、存储、调用、智能决策的数据治理体系，实现了数据在流动中可用不可见、合规调用、隐私保护，并可提供碳计量、碳预测相关功能。所有的碳数据，如碳足迹、碳中和等，都通过碳链网完成数据上链和可追溯，碳链网要提供可信的网络环境和系统操作空间。

2. 解决方案

在碳治理的业务场景中结合区块链技术和隐私计算技术等底层技术，可赋能碳场景，为碳治理业务打造安全可信的系统环境。其中，区块链技术可应用于 P2P 协议服务、存储、共识、网络、日志等模块。隐私计算技术包含 TEE、MPC、联邦学习、同态加密、零知识证明、差分隐私等底层技术。

零幺宇宙通过光笺开放联盟链 BaaS 对外提供安全、去中心化的组织与联盟的成员权限管理功能，可优化盟主的权限，增强联盟成员的平等互信度。它适配企业多账本、隐私交易等需求，在保证安全性的前提下可以稳定支持 100 000+TPS

峰值的性能指标，具备国际领先水平。光笺开放联盟链提供多种区块链合约模板和丰富的开放功能接口，且将联邦学习、分布式身份等功能进行组件化，可以按需灵活搭配使用，满足不同场景的业务需求，提供完整的链上行为、链上数据监控，支持跨通道的数据汇总和整合呈现。

零幺宇宙结合应用领域和技术发展情况，利用区块链技术的优势和数据不可篡改性，从安全性等多个角度出发，实现了数据上报存证、数据来源存证、数据链可溯源，完成了碳数据多维度上链管理，建立了可持续发展的碳链顶层设计，搭建出了系统核心架构，最终实现了碳链系统建设目标，如图 7-20 所示。碳数据核验基于碳排放数据实现，可对排放量、排放类别、排放活动信息确认后进行核验。零幺宇宙城市级碳治理平台采用数据权限分离设计，对核查人员信息、核查机构信息进行统一记录，核验完成即触发存证上链操作，支持查看核验详情、生成证书等功能。

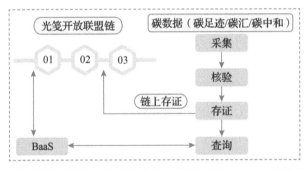

图 7-20　光笺开放联盟链在碳数据采集、核验、存证、查询中的应用示意图

碳数据完成存证后，可以通过光笺隐私计算平台对省域和城市范围内的能耗企业进行碳数据、经营数据和供应链数据的交叉验证和统计。这样可以得到区域范围内上下游产业链的碳数据核查结果，具体如图 7-21 所示。同时，通过有效登记、存储和认证形成数据互联互通可以帮助用户对碳资产进行管理，这有助于建立一体化的台账管理，以便企业购买和出售碳汇时实现数据的合理流转和碳交易的顺利进行。此外，碳排放企业的交易、风控、投资和融资需求可以进一步细分为碳交易、碳融资和碳支持三大类业务模式，为碳金融市场的正常运作提供支持。

为了构建一体化的碳链全生命周期管理，需要对碳数据采集（包括碳足迹数据、碳汇数据和碳中和数据）、多维度数据核验和全周期数字认证的方式进行管理。一体化碳链全生命周期管理可以助力企业实现精细化管控，进一步提高碳数据的有效性和可信度，为企业在碳交易领域的决策提供更多依据。

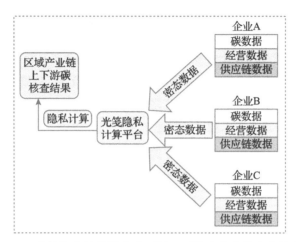

图 7-21　光笺隐私计算平台在区域上下游企业碳核查中的应用

本案例结合区块链技术和隐私保护技术，为构建城市级碳治理平台提供了独特支持。区块链技术为各个行业的碳治理工作提供了更多可能性和确定性。目前，区块链技术已经在碳治理业务场景中开始发挥作用，并产生了一定效果。在信任建立、信任传递、价值表示和价值流转方面，区块链技术有着不可替代的优势。

7.4　多方安全计算

多方安全计算（Secure Multi-Party Computation，简称 MPC 或 SMPC）是指在没有可信第三方的情况下，各方共同参与计算任意约定的函数，并且在计算过程中不会泄露各个参与方的数据。多方安全计算广泛应用于数据交换过程，既可保证数据保密性，又可实现数据共享，使数据可用而不可见，有利于解决数据孤岛现象。多方安全计算是密码学的一个分支，涉及很多密码学知识，同时也反作用于密码学。

多方安全计算自 1986 年被提出之后，在比较长的时间里，针对其研究都集中在理论层面，针对于多方安全计算的应用少之又少。之后于 2004 年 Malkhi

等学者提出了多方安全计算平台 Fair play，但该平台存在严重的性能瓶颈。近年来，由于各国更加重视对数据资源的保护，出台了大量法律法规，并且随着多方安全计算协议的不断优化和性能提升，多个领域都开始尝试使用多方安全计算技术解决领域内的问题，多方安全计算进入规模化发展阶段。

目前的多方安全计算仍存在一些安全性问题，如大多无法抵御现实使用场景中的恶意攻击和共谋攻击，仅支持抵御半诚实攻击。另外，多方安全计算在理论角度保证了计算安全性。随着隐私计算中新兴技术（如联邦学习、TEE）的发展，单靠一种技术无法处理复杂且多变的现实场景，所以将多方安全计算技术与联邦学习、TEE 等技术相结合也是未来发展的趋势。

多方安全计算技术作为隐私计算的主流技术之一，目前已经经过了实践检验，在金融、医疗等领域有了实际落地的应用。

7.4.1 多方安全计算技术分析

多方安全计算包括多个技术分支，主要用到的技术有混淆电路、秘密共享、同态加密、零知识证明等技术。下面对其中比较重要的几项进行详细分析。

- ❑ 混淆电路：一种在电路层面进行两方安全计算的密码学协议，也是一种计算代价比较小的多方安全计算协议。它能够通过对电路进行加密来掩盖电路的输入和结构，实现在不泄露参与方原始数据及中间数据的条件下，计算某一个能够用逻辑电路表示的函数。

- ❑ 秘密共享：将秘密以适当的方式拆分，拆分之后将每个部分的秘密交给不同的参与者进行管理，单个参与者无法恢复秘密消息，只有多个参与者协作才能恢复秘密消息。秘密共享可以防止秘密过于集中，可以防止系统外敌方的攻击及系统内用户的背叛。

- ❑ 同态加密：可以对明文进行加密，利用同态加密技术可以对多个密文进行运算之后再进行解密，而不需要将每个密文解密之后再运算。

- ❑ 零知识证明：又称零知识协议，是一种密码学中的加密方法，能够在证明者不向验证者提供任何有用信息的情况下，使验证者认为某个论断是正确的。允许证明者、验证者证明某项提议的真实性，而不需要泄露除了"该论断是真实的"之外的任何信息。

多方安全计算基于密码学的理论实现，它的安全性有严格密码理论证明，无须可信第三方支持，各个参与方对于己方数据有绝对的控制权，可以保证在计算过程中，数据不会泄露，同时计算精度高。但多方安全计算的可行性虽然在数学上已被证明有效，但在工程落地方面仍存在问题。在工程上既要满足大数据量下的查询、统计、训练，又要满足一些实时性的应用，而多方安全计算中由于包含复杂的密码学操作，所以无法满足高吞吐量和低延迟的要求。

7.4.2 案例：港口多式联运可信数据空间

物流涉及港口、铁路、公路运输和船运等诸多参与方，还会涉及与港口作业相关的业务数据共享流通场景。港口作为数据使用方，希望实时、安全合规地获取各方物流数据，并方便与自身数据融合计算，并将相应结果以统一的、标准的方式提供给相关业务系统使用。而以铁路为主的数据提供方则希望数据在安全合规的前提下共享，自身能最大限度控制数据使用方式和范围，并确保全过程可追溯。本案例主要采用去中心化、可信、可控、可追溯的新型数据空间模式，通过数据共享交换、可信多方计算等技术手段来满足上述需求。

1. 痛点分析

本案例面临的主要痛点如下。

- 铁路运输数据安全合规要求高，港口现有数据 API 接口共享流通方案不能满足铁路安全合规管控要求，港口上行货品通过铁路进行转运的业务占比不足。
- 大宗货物通过航运到达港口后只能选择公路运输，无法实现成本最优运输。
- 港口不掌握货物品类，各货运代理企业、货主等客户无法实时获得货物状态，且无法及时准确享受政策优惠。
- 不能精准预测货物流量、流向，这已成为影响港口竞争的关键因素。

2. 解决方案

四方数据，除港口集团数据外还包括铁路数据（运单、箱车、到发、在途、计划）、公路数据（运单、承运商、车辆、线路、运力等）和航运数据（船期、船舶预报、舱单等）。四方数据通过安全通道传输到港口，与港口堆存、作业、闸口、通关等数据进行连接计算。这些数据在内存中加工处理后会输出与货物装车、预确报、实时位置、物流轨迹、流量流向等相关的明文结果或加密脱敏数据，供港口业务系统调用。

建立铁路、运输公司、船公司、港口四方可信数据空间分发及控制平台，各节点分别部署，集成加密脱敏模块组件。

完整实现事前、事中、事后全链路数据控制及追溯。事前签订合同，合同中约定相关控制策略，如铁路方要求的数据使用控制策略，包括允许港口装卸堆场、多联运力管理、货物流量流向分析3个系统使用需求，以及1天后删除运单、不允许转发给第三方、符合合规要求、使用记录可追溯等其他需求。事中机器自动解析策略，发现双方约定策略不满足情况时自动中断流通会话。事后通过审计日志进行追溯。方案模式及流程如图7-22所示。

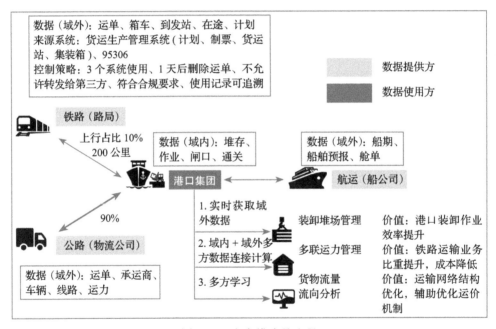

图 7-22　方案模式及流程

3. 取得成效

☐ 港口可实时获取域外数据，为装卸堆场管理堆存、作业、闸口、通关等业务提供了支撑，提升了港口装卸作业效率。

☐ 在安全沙盒内实现了域内＋域外多方数据连接计算，为港口多联运力管理提供支撑，助力港口铁路运输业务比重提升，成本降低。

❑ 通过集成各类机器学习框架实现多方学习，联合各方数据进行货物流量、流向分析，帮助港口实现运输网络结构整体优化，辅助优化运价机制。

7.5　联邦计算

联邦学习（Federated Learning，FL），又称联邦机器学习、联邦计算。联邦学习可以在原始数据不出本地的前提下，通过模型的流通与处理来完成多方联合的机器学习，得到聚合的训练结果。联邦学习的参与方一般包括数据方、算法方、协调方、计算方、结果方、任务发起者等。

7.5.1　联邦计算技术原理

联邦学习的硬件层应采用通用硬件；算子层应融合多方安全计算、同态加密和差分隐私的算子以加强安全性；算法层需支持多种机器学习算法，从而达到高兼容性；联邦学习的应用面向联合建模、联合预测等场景。联邦学习的通用技术框架如图 7-23 所示。

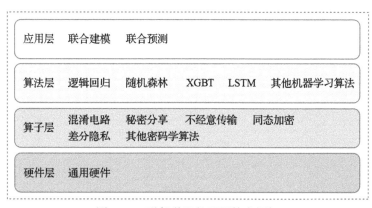

图 7-23　联邦学习的通用技术框架

当存在中心的协调方和计算方时，联邦学习的技术架构如图 7-24 所示。

完全去中心化的网络联邦学习技术架构如图 7-25 所示。

联邦学习的架构支持通用硬件，而隐私计算的其他分支可执行环境却需要特定硬件支持。在多方参与的复杂场景下，联邦学习这种硬件无关的特性减少了多方间达成一致的沟通成本。

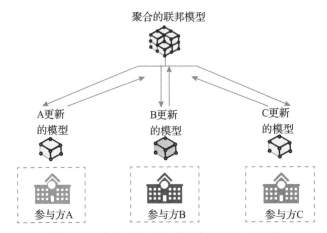

图 7-24　存在中心节点的联邦学习技术架构

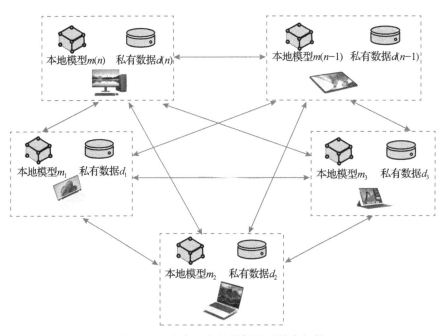

图 7-25　去中心化的联邦学习技术架构

　　当前部分行业用户在严格执行数据不出域要求时，不仅需要原始数据不出域，而且需要加密后的密态数据也不出域。在这种情况下，联邦学习"数据不动模型动"的特点能够契合用户的要求，化解数据孤岛难题。联邦学习由于在数据安全流通中的显著作用，已被广泛应用于医疗、金融、智能手机、智能汽车等诸多领域，在保证用户隐私的前提下用于联合数据挖掘和建模。

7.5.2　案例一：群租房智能分析

1. 痛点分析

群租房是城市化进程中的"顽疾"，存在公共安全事件、纠纷、矛盾等问题。群租房通过改变房屋结构和平面布局，将房间分割成若干小间，分别按间或按床位出租。为了解决群租房存在的各种问题，电力有关部门提出了基于用电信息采集系统进行智能分析排查群租房的方案。然而，该方案中的数据的特征仅适用于电力相关业务，特征维度相对单一，这导致实际排查效果不佳。

2. 解决方案

经研究发现，群租房现象在用水方面也有一定的特征体现，因此可以通过纵向联邦学习的方式将电力数据和用水数据结合起来，以扩充数据特征维度，从而提高模型的准确度。在实际应用中，采用的是三方的纵向联邦学习框架。其中，电力部门作为联邦学习任务的发起方，提供用电数据（包含是否为群租房的标签）和定义模型参数等信息；政府水务相关部门则提供不包含标签的耗水数据并参与联邦建模；而协调方则部署于相关群租房主管部门内，作为安全监管第三方，负责提供算力与分发密钥。

为了完成联邦学习从数据接入到训练、预测的全过程，需要在三方分别部署大数据平台、机器学习平台和联邦学习组件。其中，大数据平台提供底层操作系统和相关数据管理支持；机器学习平台负责对数据进行预处理以及在实际建模过程中进行机器学习运算；联邦学习组件则提供联邦学习任务流程以及加密算法支持。在平台环境部署完成后，电力部门和水务部门便可分别在自己的环境中接入电力数据和耗水数据，准备开始联合建模了。

上述各方的平台环境部署架构如图 7-26 所示。

联邦建模流程如图 7-27 所示，首先分别对用电力数据和用水数据进行预处理，在得到适合建模的特征后，陆续完成样本对齐与联邦层面的特征工程便可开始联邦学习模型的训练了。

3. 取得成效

联合训练模型对群租房识别准确率达到 86.7%（AUC 指标），相比单独使用电力数据训练的模型，指标提升 10% 以上。本案例成功探索出了政务数据的应用价值并保证了过程中数据的安全流通,助力政务决策实现高效处理与分析,为政府有效排查群租房,消除群租房带来的消防、安全隐患,打造和谐、安全、美丽的生活环境作出了突出贡献,对政务决策、民生建设发挥了信息化保障作用。

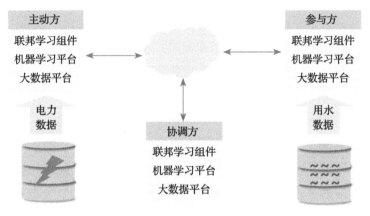

图 7-26　群租房预测联邦建模部署架构图

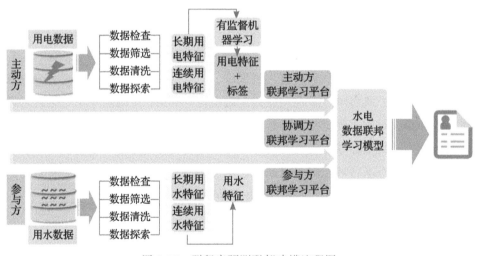

图 7-27　群租房预测联邦建模流程图

7.5.3　案例二:纵向联邦深度学习助力跨域视频推荐

某视频 App 希望通过使用平台方的基础用户兴趣特征数据来解决新用户视频推荐冷启动问题,从而进一步提高新用户的观看时长、App 使用时长和次留率等指标。然而，由于受到数据安全政策和用户隐私保护法律法规的限制，平台方的用户兴趣特征数据不能直接共享给该视频 App 方。

腾讯 Angel PowerFL 隐私计算框架基于纵向联邦神经网络提出跨域视频推荐方案，该方案不需要直接共享数据。在保护隐私数据的前提下，平台方和视频 App 方基于该方案可进行联合建模，从而利用平台方的用户兴趣特征数据来辅助视频 App 方更精准地向新用户推荐视频，以便提升新用户的视频 App 使用时长等指标。

1. 痛点分析

❑ 数据共享和隐私保护：目前，视频 App 在做短视频召回时，由于缺乏新用户的画像数据（即新用户的短视频兴趣数据），导致针对新用户的召回和推荐效果都不能满足业务要求，即遇到了新用户短视频推荐冷启动问题。

❑ 计算和通信开销：与纵向联邦机器学习类似，纵向联邦神经网络的各个参与方首先要对齐训练样本，找出公共的样本 ID 集合，之后再联合进行神经网络模型训练。在实际应用中，一般认为参与方 A 和 B 都是半诚实的，即参与方 A 和 B 都会遵守纵向联邦神经网络协议，不会主动攻击对方。在半诚实安全模型下，一般有两类隐私保护机制——基于半同态加密和秘密分享的方案，基于差分隐私的方案。基于半同态加密和秘密分享的方案，因计算和通信开销都较大，所以仅适用于训练数据量较少的纵向联邦神经网络场景。基于差分隐私的方案的最大优点是不会增加通信量，没有密文膨胀问题，但是在梯度层面会添加随机噪声，这也会引入较大的计算开销。

2. 解决方案

针对数据不能共享导致的数据孤岛问题，腾讯 Angel PowerFL 团队制定了基于纵向联邦神经网络的跨域视频推荐解决方案。在合作双方数据都不出域的情况下，平台方与视频 App 方进行联合建模和联合模型推理，以便提升视频推荐模型效果。

平台方与视频 App 方进行联合建模的流程如图 7-28 所示。

跨域联合视频推荐流程主要包括数据准备、安全样本对齐、联合模型训练，以及线上模型服务等步骤。联邦训练的模型为推荐系统中召回阶段常用的双塔模型，平台方训练的是用户兴趣嵌入塔，视频 App 方训练的是视频特征嵌入塔。最后基于训练模型进行线上应用。

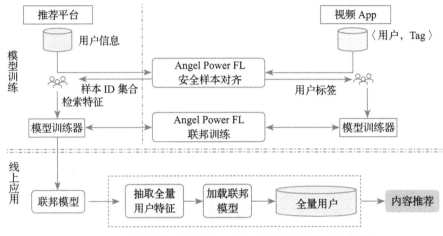

图 7-28 纵向联邦深度学习助力跨域视频推荐的流程图

在纵向联邦神经网络应用场景里，应根据实际应用场景来选择合适的隐私保护机制，并配置符合隐私保护要求的安全参数。

3. 取得成效

在本案例中，每次生成的训练数据集规模均约为 10 亿条训练样本，突破了计算量大、通信消息交互量大的技术挑战。纵向联邦神经网络建模有效解决了新用户视频推荐冷启动问题，在数据不跨域的前提下实现了数据协同应用，提升了基于联邦深度学习的推荐模型的效果和推荐模型业务应用价值。视频 App 的新用户次留率提升 20% 以上，人均视频播放时长和人均 App 使用时长均增长 15% 以上，正向效果显著。

7.5.4 案例三：全基因组关联研究 GWAS 分析

许多人类疾病与基因突变有关，例如肿瘤的生物学基础是基因异常，是多基因、多步骤突变的结果。目前已发现许多种驱动基因突变的肿瘤，如 EGFR、KRAS、NRAS 等。进行全基因组关联分析有助于提前预防疾病。本案例涉及数据开放、数据共享和数据跨境流通。

全基因关联分析（Genome-Wide Association Study，GWAS）是指从人类

全基因组范围内找出存在的序列变异，即单核苷酸多态性（Single Nucleotide Polymorphisms，SNPs），并筛选出与疾病相关的 SNPs，以帮助进行疾病诊断或预防的研究方法。它已广泛应用于临床早期疾病筛查、用药指导和辅助诊断等领域。它常用于复杂疾病的研究，如肿瘤、糖尿病和高血压等。利用 GWAS 对遗传基因进行研究有助于开发新药物、发展新疗法和预防工作，提高整体国民健康水平。

1. 痛点分析

GWAS 技术对医疗大数据的依赖性一直是阻碍其广泛应用的一大原因，这主要体现在以下两个方面。

- ❑ 数据安全方面：该技术需要的数据包含大量敏感的个人信息。一项研究发现，基于几十个基因位点（SNPs）数据就可以基本确定一个个体的身份。如何合理地保护这些敏感信息、规避不必要的隐私泄露，成为广泛推行生物医疗数据分享和联合分析，以及多元医疗数据融合的关键挑战之一。

- ❑ 样本数量方面：GWAS 非常依赖大量基因数据的积累，样本量不足是各项 GWAS 研究中最常见的问题和难点。近几年，得益于基因测序技术的发展，我国已经建立了多样化、多维度的基因数据库。其中，基因数据的积累也正以前所未有的速度不断推进。但这些基因库中的基因数据大多独立存在，缺乏关联和交互方式，形成了一个个"数据孤岛"。这使得这些数据无法发挥出全部价值，产生高耗能、高成本的负担，变成"食之无味，弃之可惜"的无用资源。

2. 解决方案

"强直性脊柱炎 GWAS 分析"项目联合了全国多家医院、科研机构、基因库等单位的基因数据，使用隐私保护计算技术，进行不分享明文数据（个体基因数据）的 GWAS 分析，解决了 GWAS 要依赖大量基因数据的积累、样本量不足等难题。基因数据具有个人识别性，一旦泄露将造成难以预计的损失，且伤害会蔓延至血亲，所以对其使用需要特别谨慎。本案例基于隐私安全技术保证了数据可用情况下的不泄露。

锘崴科技项目团队设计并开发了一个基于安全联邦学习的技术框架——

iPRIVATES，该框架为全基因组关联研究提供隐私保护，以解决基因数据共享中的隐私安全问题。

iPRIVATES 框架利用安全联邦学习技术，使多个机构能够基于虚拟融合数据联合进行 GWAS 分析。由于在研究过程中只交换经过处理的非敏感中间计算结果，因而不会泄露患者级别的基因分型数据，保证了整个计算过程及结果的数据安全性。

iPRIVATES 框架融合多种技术和算法，可以支持联邦 GWAS 分析的可配置管道，能够灵活地集成和配置不同的 GWAS，方便识别 SNPs 与许多不同类型的特征（如某些重大疾病）之间的关联。

本案例以强直性脊柱炎（AS）作为切入点，使用 iPRIVATES 进行全基因组分析，以识别人类基因组中可能导致 AS 的基因型，并分析其主要分布在人类白细胞抗原（HLA）的哪些区域，如图 7-29 所示。

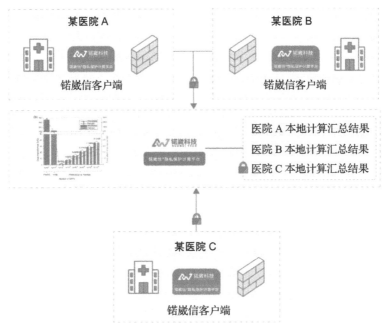

图 7-29 强直性脊柱炎 GWAS 分析

为了证明 iPRIVATES 框架的有效性，锘崴科技项目团队比较了联邦学习框架与集中式学习框架的结果。团队设置了 3 个机构，共计 24 万个基因组点位，每个机构有 390 个个体（共 1 170 个个体），然后生成模拟的基因型数据，并基于 10 次试验获得结果。图 7-30 所示为 iPRIVATES 中联邦式主成分分析和集中式主成分分析的精度。这里从对数尺度对联邦和集中两种方法学习到的不同数量（例如 1、5、10、50）的两个子空间之间的角度（即弧度）进行精度分析。不同数量主成分（例如 1、5、10、50）的两个子空间之间的角度是可以忽略不计的（从 6.568×10^{-10} 到 3.682×10^{-5}），这表明联邦学习框架与集中式学习框架的有效性基本一致。

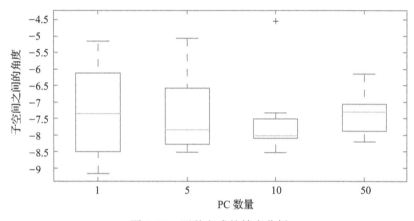

图 7-30 两种方式的精度分析

3. 取得成效

这一框架和相关技术在推动不同疾病的协同基因组研究方面潜力巨大。在另一项针对川崎病的研究中，研究团队使用安全联邦学习的隐私保护技术框架开发了 PRINCESS 框架，该框架支持了一个跨国（英国、美国、新加坡）遗传数据分析项目。研究的结果显示，PRINCESS 不仅可以保护数据的隐私安全，还具有较高的计算效率。

此外，团队为了证实基于 iPRIVATES 框架进行联邦学习所得结果的准确性和性能，进行了研究对比实验——分别使用模拟实验数据与真实数据（在真实环境下使用跨多家医院的数据）。实验结果表明，联邦学习与传统的集中式计算的结果一致，也就是说它在保护数据隐私的同时，还能保证计算效果。

同样的技术还可以应用到肿瘤突变基因检测与预防、药物代谢基因分析等领域。

7.6 TEE

TEE 是计算平台上用软硬件方法构建的一个安全区域，可保证安全区域内加载的代码和数据的机密性和完整性。其目标是确保一个任务按照预期执行，保证初始状态的机密性、完整性，以及运行时状态的机密性、完整性。

7.6.1 TEE 概述

1999 年，康柏、惠普、IBM、英特尔、微软等企业联合成立了可信计算平台联盟（Trusted Computing Platform Alliance，TCPA），该组织于 2003 年改组为可信计算组织 TCG，并制定了关于可信计算平台、可信存储和可信网络连接等的一系列技术规范。Global Platform（全球最主要的智能卡多应用管理规范的组织，简称 GP）从 2011 年起开始起草制定相关的 TEE 规范标准，并联合一些公司共同开发基于 GP TEE 标准的可信操作系统。因此，如今大多数基于 TEE 技术的 Trust OS 都遵循了 GP 的标准规范。

2009 年开放移动终端平台（Open Mobile Terminal Platform，OMTP）工作组率先提出了一种双系统解决方案，即在同一个智能终端下，除了多媒体操作系统外再提供一个隔离的安全操作系统，这一运行在隔离的硬件之上的隔离安全操作系统用来专门处理敏感信息以保证信息的安全。

在国外，ARM 公司、英特尔和 AMD 公司分别于 2006、2015 和 2016 年各自提出了硬件虚拟化技术 TrustZone、Intel SGX 和 AMD SEV 及其相关实现方案。在国内，中关村可信计算产业联盟于 2016 年发布 TPCM 可信平台控制模块，为国产化 TEE 技术的发展提供了指导作用，国内芯片厂商兆芯、海光分别在 2017 年和 2020 年推出了支持 TEE 技术的 ZX-TCT、海光 CSV（China Security Virtualization）。

7.6.2 TEE 技术分析

2009 年 OMTP 组织在 *OMTP advanced trusted environment: OMTP TR1 V11* 中明确定义了 TEE 的相关概念和规范，该组织将 TEE 定义为"一组软硬件组件，可以为应用程序提供必要的设施"，相关实现需要支持下面两种安全级别中的一种：

□ 安全级别 1 要求可以抵御软件级别的攻击。

□ 安全级别 2 要求可以同时抵御软件和硬件攻击。

针对 TEE 的相关概念及规范定义，各家软、硬件厂商结合自己的基础架构形态，在具体实现上各有不相同。虽然在技术实现上存在差异性，但是仍可抽象出 TEE 的共同技术特点。

具体而言，TEE 存在隔离性、软硬协同性和富表达性等技术特点。

□ 隔离性。从 Intel 80286 处理器开始，英特尔针对 X86 架构的隔离机制提出了两种运行模式，并且逐步衍生出后来的不同的特权界别方法，再后来提出了安全区域更小的 SGX 机制以实现 TEE。同样地，ARM 架构通过 Trustzone 技术实现了相关软硬件的隔离性，实现了安全世界与非安全世界的隔离。TEE 通过隔离的执行环境，提供一个执行空间，该空间有更强的安全性，比安全芯片功能更丰富，可对代码和数据进行机密性和完整性保护。

□ 软硬协同性。虽然理论上可以通过软件方式或硬件方式实现 TEE，但实际生产场景下，行业内更多通过软硬结合的方式进行安全性的保障与支持。

□ 富表达性。与单纯的安全芯片或纯软件的密码学隐私保护方案相比，TEE 支持的上层业务表达性更强。TEE 只需要划分好业务层面隐私区域和非隐私区域的逻辑，不会对隐私区域内的算法逻辑的语言有可计算性方面的限制（图灵完备的）。同时由于 TEE 已经提供了安全黑盒，所以无须对安全区域内数据进行密态运算，这让 TEE 可以支持更多的算子及复杂算法。

目前较为成熟的 TEE 技术主要包括 Intel SGX、ARM TrustZone、AMD SEV 和 Intel TXT，其中，Intel SGX 是一组用于增强应用程序代码和数据安全性的指令，开发者使用 Intel SGX 技术可以把应用程序的安全操作封装在一个被称为 Enclave 的容器内，从而保障用户关键代码和数据的机密性和完整性。Intel SGX 最关键的优势在于将应用程序以外的软件栈（如 OS 和 BIOS）都排除在了 TCB（Trusted Computing Base）以外，一旦软件和数据位于 Enclave 中，即便是操作系统和 VMM（Hypervisor）也无法影响这些软件和数据。Enclave 的安全边界是 CPU 和它本身。

7.6.3 案例：引入可信第三方的 ID 去标识化流通案例

在与某国有银行进行联合风控的项目中，度小满通过引入可信第三方的 ID 去标识化技术来保护客户身份信息。

1. 痛点分析

众所周知，在金融场景中很重要的一点是要对自然人进行风险识别。但单一一家金融机构的数据往往具有局限性，要想取得更好的风险识别效果，就需要联合其他公司的数据进行联合风控。在联合风控的场景中，风险识别的对象为个人，因此在关联双方数据的时候，就不可避免地要对个人身份信息进行传输。直接对个人身份信息进行传输的风险很高，因此需要对这部分数据先进行脱敏处理。现阶段，行业内对个人身份信息进行脱敏的方式一般为散列化，即通过 Hash 算法将个人身份信息处理为不可识别的字符串。但这样的散列化脱敏方式具有一定的安全隐患。由于身份证号、手机号的明文空间是有限的，这就意味着通过穷举明文的方式，可以生成一张全量的"明文 - 散列值"的关系映射表，从而将明文信息还原出来。这样当有攻击者获取到双方通信内容后，就等同于窃取到个人的身份信息。

2. 解决方案

为了解决上述安全隐患，度小满与公安三所进行深度合作，引入了 xID 去标识化技术。公安三所作为可信第三方，可以为数据流通的双方提供 xID 生成和映射服务，为数据流通过程中的身份信息提供必要的保护。xID 技术基于密码算法，构建了一套数据去标识化技术体系，能够实现身份信息类数据的去标识化处理及应用，可为应用机构的身份信息类数据生成不同且不可逆的 xID 标记信息，并在受控的状态下实现 xID 映射。

xID 技术在数据流通中的调用流程如图 7-31 所示。当 A 机构（数据需方）需要发起数据查询请求的时候，首先要通过 xID 生成服务，将客户的 ID 明文生成为 xIDlabel(A)，然后通过业务调用请求，将含有 xIDlabel(A) 的信息发送给 B 机构（数据供方）。由于 xIDlabel(A) 是 A 机构独有的 xID 信息，对于 B 机构而言，它是无法直接识别的，因此 B 机构需要将 xIDlabel(A) 通过 xID 映射服务转换为自己能够识别的 xIDlabel(B)，然后以 xIDlabel(B) 检索用户数据，最后将查得结果返回给 A 机构，从而完成本次数据流通的过程。

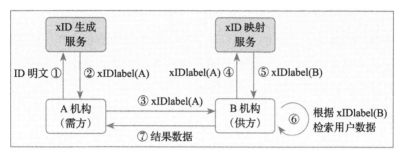

图 7-31 xID 技术在数据流通中的调用流程

采用 xID 技术的数据流通过程具有以下 3 个安全优势。

❑ 更好地保护了客户的身份 ID 信息。数据流通过程中用到的 ID 信息为去标识化之后的 xIDlabel(A)，由于 xID 的生成是不可逆的，攻击者即使窃取到通信中的数据，也无法知道 xIDlabel(A) 对应的是哪位客户。

❑ 确保了数据流通是在取得双方同意的情况下进行的。xID 映射服务由公安三所掌控，xIDlabel 之间要进行映射，不仅需要双方同意还需要由公安三所授权。在这样的受控映射机制下，如果数据流通未经过双方同意及公安三所授权，B 机构将无法利用 xID 映射服务把 xIDlabel(A) 映射为 xIDlabel(B)，那么数据将无法实现流通。

❑ 保护了数据流通双方客户交集之外的客户信息。假设客户乙是 A 机构的客户但不是 B 机构的客户，那么 B 机构在已知客户数据内是没有与 xIDlabel(B_乙) 对应的数据的，因此 xIDlabel(A_乙) 在映射成 xIDlabel(B_乙) 后，B 机构是无法知道 A 机构这次查询的是客户乙，从而保护了"乙是 A 机构客户"这样一条信息，也就是使 A 机构里的非 B 机构的客户信息不被 B 机构获取。

综上所述，xID 技术可让数据流通双方的关键数据更加安全，让数据流通过程受限可控，让参与流通的数据范围最小化。

7.7 同态加密

同态加密（Homomorphic Encryption，HE）指能够直接使用密文进行特定运算的加密技术。在同态加密计算过程中，不需要密钥即可实现加密操作，而结果仍需密钥进行解密从而使密文变为明文，解密后得到的明文与加密前的明文计算有相同的结果。

同态加密素有隐私计算的"圣杯"之称。作为面向数据应用侧的密码算法，可实现在数据加密的状态下，密文数据与原始数据仍具备完全一致的计算能力，即密文数据无须解密便可以进行计算使用。

同态加密既有效保障了数据在使用过程中的隐私安全，又降低了数据外流的风险。

7.7.1 同态加密技术原理

同态加密作为支撑性安全算法，可以为多方安全计算、联邦学习等隐私计算技术提供底层密码能力支撑，助力打造高性能、高安全的多方安全计算和联邦学习体系。

传统的数据共享模式与基于同态加密的数据共享模式对比如图 7-32 所示。

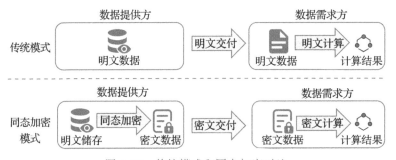

图 7-32　传统模式和同态加密对比

在传统的数据共享模式中，数据供应方需要将原始数据共享至数据需求方，在该过程中由于数据的复制成本低，以及业务系统仅能使用明文数据，所以数据在需求方进行使用时难免存在价值稀释及泄露的风险。

在基于同态加密的数据共享应用模式中，对于数据供应方而言，仅需在原本的数据传输环节之前，对原始数据进行同态加密，这样可在保障数据安全的同时，有效完成数据所有权和使用权的分离。经过同态加密的密文数据可以保有数据的计算能力与可复用性，在数据源的数据共享业务规模扩大后，即可借助其可复用性，将同样一份数据资产的使用权分发到多个需求方。并且，基于同态加密的数学性质，密文数据的计算无须经过解密步骤，就可以在极大程度上减少需求方的通信开销，达到降本增效的目的。

　　同态加密可直接对密文进行分析、检索。因此在达成保护隐私的前提下，还能实现某些数据操作。同态加密实现了数据使用过程中的加密，适用于部分诚信和恶意环境中，可保护数据安全与隐私，目前主要适用场景有医疗数据加密、顾客数据分析、多个机构间客户的交叉分析等。

　　为达到提高效率、降低成本的目的，中小型企业往往会将数据托管至云服务器，但近年来云上数据泄露问题愈发严重，企业对其安全性产生了怀疑。同态加密云服务模式提供一套面向云环境的隐私数据的存储、应用解决方案。该方案实现了云上数据的可管、可控、可用，保证了数据在云环境中的全流程安全与合规，增强了用户对云环境的信任。

　　同态加密技术的云服务模式如图 7-33 所示。该模式中，同态加密为用户提供隐私数据在云环境中的密态安全存储、密态安全应用、密态安全共享。

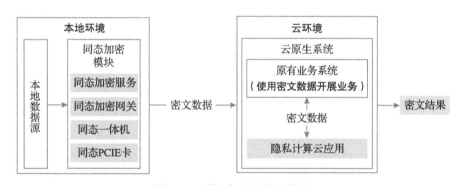

图 7-33　同态加密云服务模式

　　数据所有者将数据在本地进行同态加密，随后将密文数据发送至云服务器进行存储。这种情况下，可确保云服务商或其他第三方厂商无法获取原始的数据信息。并且所有数据经数据所有者授权后才能在密态下进行操作。云服务器将操作结果（例如查询、检索、统计后得到的密文运算结果）发回本地的结果需求方，需求方可以通过制定密钥并解密后得到自己需要的信息。

　　整个过程中，云端完全无法获取任何原始数据，数据源可以保护数据的所有权，并对云上数据的使用权进行分发与监管。

7.7.2　案例：多源数据共享应用平台

　　随着企业信息化、数字化的发展，人们对多源数据之间的服务共享提出了更高的要求，安全的数据开放和共享成为影响众多业务的关键因素。如何既保障核心数据的隐私安全，又充分发挥数据价值、实现数据的开放共享，还要兼顾社会治理与公民权益，成为数据服务中亟待解决的难题。

在当前背景下，同态科技致力于开发多源数据共享应用平台。本案例在现有涉诈数据的基础上，建设多源数据共享应用平台，基于自主可控的同态加密技术为需要数据服务的机构提供数据隐私保护与数据合规应用能力，以保障其业务开展时的数据安全及数据价值，解决反欺诈单位在使用数据服务时的隐私泄露问题，打通数据隐私保护和数据安全的各项业务，如以公安部为核心的反欺诈业务。

1. 痛点分析

多源数据共享应用平台建设主要为了解决数据价值稀释、数据隐私安全和服务平台技术支撑三个方面的痛点。

首先，作为高价值数据资产，如果将原始数据直接共享给需求方，则外流的原始数据难以跟踪、限制、管控，进而引发数据价值稀释的问题。其次，在对大量异构、多样化数据的交叉处理过程中，对数据隐私保护技术的处理速度、性能、时延等有较高要求，且需要重点关注权限管理的安全保障措施，以防针对高权限人群的精准攻击。最后，要实现多源数据共享应用平台与需方应用场景的快速对接和技术迭代，需要重点考虑平台的灵活性和可扩展性，目前服务型应用平台的扩展性较差，需要提供简单便捷的安全应用能力，更好地赋能第三方场景。

2. 解决方案

经行业痛点分析得知，在数据应用中往往存在数据查询需求，通常基于数据标识（手机号、身份证等）的 Hash 值进行数据查询、但在一定条件下，数据源能够通过 Hash 碰撞还原得到数据标识的原始信息，从而产生数据泄露风险。

基于密文分享的数据查询能够让数据源对相关数据进行同态加密，然后将数据发送至查询方供其进行密文查询。查询方不再需要将数据标识发送至数据源，进而保护查询方的数据安全。该模式适用于查询方有强隐私保护需求的业务场景。详细的业务逻辑如图 7-34 所示。

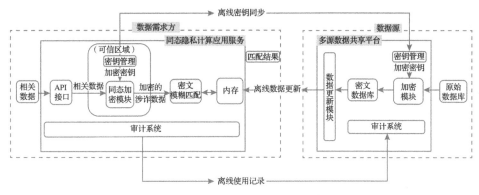

图 7-34　多源数据共享业务逻辑

对此，本案例进行了多源数据密态安全计算关键技术研究，解决了同态加密技术中存在的问题，推动了同态加密技术落地实用，将同态加密技术紧密融合于多源数据共享应用平台中，实现了多种模式创新。本案例的具体做法如下。

- ❑ 融合现有商密的新型密码应用体系：可对现有的商密算法体系进行有效补充，并与 SM2、SM3、SM4、SM9 结合，为用户提供一套完整的数据安全解决方案。
- ❑ 开发分级授权机制：利用特定密钥实现高效安全的细粒度权限分配功能。
- ❑ 采用数据确权运营：数据源仅共享数据使用权，保留数据的所有权。

下面对本案例的创新性和先进性进行说明。

- ❑ 运用前沿技术：突破同态加密技术的性能局限性，实现在密文域上进行高效的隐私计算。
- ❑ 关键性能指标：经公安部第三研究所测试认证，本案例算法相比于微软 SEAL（公开最佳实践）在速度上至少快 1 500 倍，扩展量小 98%。
- ❑ 行业推广价值及借鉴意义：实现基于密文分享的数据查询，保护数据源的数据价值，可以在绝大部分行业的反欺诈场景中使用。
- ❑ 低成本复制：支持复用原有业务模式，无须定制化开发，有效降低了适配成本。

3. 取得成效

同态科技通过本案例中的平台，为需要数据安全服务的机构提供数据隐私保护与数据合规应用能力，保障业务开展时的数据安全及数据价值，解决机构和单位在使用数据服务时可能出现的隐私泄露问题，从而打通各类业务。目前，本案例中的方案在电信反诈场景中已经经过客户验证，完成了验收测试运行，得到了客户的正面评价，具有重大的社会效益和可观的经济效益。

7.8 数据安全溯源与确权技术

数据安全溯源指针对数据流通过程中的状态和事件等，以不可篡改、可验证的方式进行记录和追溯。数据流通涉及数据权属的变化和数据的使用，由于数据具有可复制性，无法追溯的数据流通会带来数据权属和责任的混乱，对市场秩序造成不良影响。

数据安全流通溯源的追溯对象包括但不限于数据权属、数据内容、数据使用、数据交易。其中数据权属包括拥有权、使用权、收益权等，数据权属可以被创建、确认、流通和销毁。数据内容可能是数据原文、加密后的数据、密钥、数据摘要等。数据使用可能是对数据或其要素进行传输、参与计算等。数据交易包括数据资产化及与交易相关所有过程等。

数据流通是多方参与的过程，需要多方在上述追溯对象方面达成共识。溯源是对共识内容的记录和追溯，需要做到完整、不可篡改、可验证。相关实现技术，目前主要包括区块链技术和数字水印技术。区块链技术基于密码学和共识算法，可以让多个参与方对数据和逻辑达成共识，且拥有不可篡改的特性，可用于数据流通溯源；数字水印可以在基本不改变数据原始价值的情况下，在数据中嵌入不易察觉且难以去除的标记信息，可用于版权保护、数据防伪追溯等场景。

关于区块链技术的更多内容这里不再展开，感兴趣的读者可以阅读相关专业书籍，下面重点介绍数字水印技术。

数字水印相关技术起源于 20 世纪 50 年代的一项技术专利，该专利描述了一种将不可感知的标识码嵌入音乐中来证明音乐所有权的技术。直到 1993 年，Andrew Tirkel 等人发表的文章中首次提出 Electronic Watermark（电子水印）的概念，随后在 1994 年发表的文章中使用 Digital Watermark（数字水印）的概念，此后，数字水印技术进入了飞速发展时期。早期的数字水印技术专注于图像领域。当下音频、文本、视频水印技术也得到了一定发展。近年来，随着数据安全需求的驱动，数据库水印技术作为数字水印技术的一种分类场景，得到了广泛关注。目前数据流通场景中涉及的主要是结构化数据，因此本节主要介绍数据库水印技术。

数据库水印指通过相应的处理方法，在基本不改变数据库原始数据价值的情况下，在数据中嵌入不易察觉且难以去除的标记信息，用于数据版权保护、数据泄露溯源、数据完整性校验等场景。通常情况下，一个完整的数据库水印方案主要包括水印嵌入端和水印提取端两部分，其中水印嵌入端用于完成水印生成、水印嵌入流程；水印提取端用于完成水印探测、水印提取、水印恢复、水印校验流程。整体方案框架如图 7-35 所示。

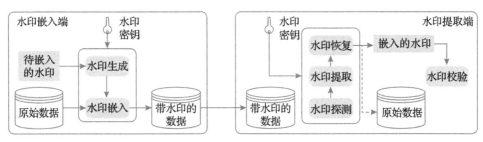

图 7-35　数据库水印方案框架

图 7-35 所示的数据库水印方案中各流程功能介绍如下。

1. 水印生成、水印嵌入

在水印生成阶段，使用水印密钥及相应的水印生成算法，依据待嵌入的水印信息生成相应的水印信息。实际场景与算法不同，待嵌入的水印信息种类与数据量也不同。如对于版权校验场景，待嵌入的水印可能为版权方、时间戳等信息；对于数据泄露追溯场景，待嵌入的水印可能为数据导出人、时间戳、数据接收方等信息；对于数据源校验场景，待嵌入的水印信息为原始数据库自身信息等。

在水印嵌入阶段，根据实际场景的具体需求，结合水印密钥，使用相应的水印嵌入算法将水印信息嵌入原始数据中。目前，按照应用场景、数据保真性以及数据可逆性的不同，可将相应的数据库水印技术划分为不同的种类。

❑ 按照应用场景划分：可划分为鲁棒水印和脆弱水印。鲁棒水印指添加了水印的数据，在遭受恶意或者无意修改后，依然能够保证水印的提取、

恢复和校验，主要用于数据版权确认及数据泄露溯源场景。脆弱水印指添加了水印的数据，在数据被恶意或无意修改后，水印信息也会被破坏或发生变化，主要用于数据完整性校验场景。

❑ 按照数据保真性划分：可划分为有失真水印和无失真水印。有失真水印指在嵌入水印时，需要对原始数据库相关数据进行修改，主要用于数值或者分类型数据库。无失真水印指嵌入水印时，不需要对原始数据库相关数据进行修改，对数据类型的支持比较广泛。

❑ 按照数据可逆性划分：可划分为可逆水印和不可逆水印。可逆水印指在水印提取、校验时，除了提取、检验水印本身以外，还可以将加了水印的数据库还原为原始数据，主要用于数据完整性校验场景。不可逆水印指水印提取、校验时，仅能对水印信息本身进行提取、校验，无法对加了水印的数据库进行恢复。

2. 水印探测、水印提取、水印恢复

在水印探测、提取、恢复阶段，使用相应的水印密钥和水印算法，针对相应的待检测水印数据库，首先判断其中是否存在水印信息，对于存在水印信息的数据，进行后续的水印提取、水印恢复流程。

根据应用场景及使用算法的不同，经过本流程提取出来的水印信息可能包括布尔值、字符串、位流等。此外，在某些场景和算法中，除了恢复相应的水印信息外，还可以对加了水印的原始数据库进行恢复。

3. 水印校验

在水印校验阶段，针对前一步流程提取的水印信息，根据不同的场景，进行相应的水印校验，要满足相应的数据版权校验、数据泄露溯源以及数据完整性校验等需求。

数字水印通常具有高隐秘性、高安全性、可检测性、高鲁棒性、高仿真性的特点。通常来说，不同于传统型非结构类文件，数字水印对水印不可见性以及水印质量要求更高。数字水印是在数据文件（数据库、文本文件、表格等）中嵌入的水印，需带有数据接收方等标识信息、隐形标记，且不易被发现也不易被破坏。如果发生了数据泄露，可以第一时间从泄露的数据中提取水印标识，并通过数字水印追溯还原整个泄露数据的流转全流程，精准溯源操作数据的用

户身份、作业、泄露范围和渠道。但其所有权的证明问题还没有完全解决，就目前已经出现的很多算法而言，攻击者完全可以破坏图像中的水印，或复制出一个理论上存在的"原始图像"，这导致文件所有者不能令人信服地提供版权归属的有效证据。因此一个好的水印算法应该能够提供完全没有争议的版权证明，在这方面还需要做很多工作。

7.9　数据安全计算技术案例解读

数据安全计算，一般指隐私计算，是指在保证数据提供方不泄露原始数据的前提下，对数据进行分析计算，以有效提取数据价值为目标的一类信息技术。数据安全计算可保障数据在产生、存储、计算、应用、销毁等数据全生命周期的各个环节中"可用不可见"。

7.9.1　案例一：智能风控建模

某金融机构信贷部门目前采用传统的人工编程建模方式，工作涉及贷前、贷中、贷后各场景。经过多年发展，该部门业务量日益增长，业务也趋于复杂化，建模团队的建模任务愈发加重。

以贷前评分场景为例，目前建模人员通过编码来实现数据获取、数据预处理、变量筛选、算法实现、模型开发评估、评分转换等一系列流程，上线一个模型需要数月时间，往往因期间用户行为等数据发生变化，模型也需要重新迭代，模型更新速度难以跟上业务发展速度，建模团队工作压力大，亟待加速建模工作效率，匹配日益增长的业务需求。

1. 痛点分析

金融业务的经营核心是风控，风控的核心是模型和数据。数据作为风控业务的生产要素，重要性不言而喻。但是目前建模团队普遍存在任务重，难以匹配业务需求的问题。以贷前评分场景作为切入点，引入 AI.Moderler 进行零代码建模，不仅可以验证模型效果及零代码建模带来的效率提升，还可以满足业务模型需求。

2. 解决方案

针对信贷业务场景，本案例对客户的信用风险和欺诈风险进行了精细刻画，对每笔贷款的贷前风险进行了更精准的评估和打分，以帮助业务人员更好地区分好坏客户，并降低贷后呆坏账比例。

客户参与的信贷资产类型众多，且会涉及多种消费场景，贷款金额从几千元到几十万元不等。按照传统建模方法，需要建立多个模型，而模型的维护成本巨大。本案例运用飞算云创自动化建模平台（AI.Modeler），通过机器学习技术，对客户的申请信息、合同信息、人行征信、身份、学历、消费、电信、航旅、公安司法、三方黑灰名单等数据进行充分挖掘，发力信贷智能化风控体系建设，帮助企业快速从传统风控升级至智能风控。

本案例建模流程如图 7-36 所示。

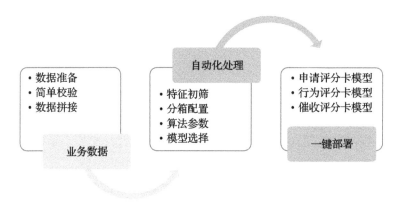

图 7-36　建模流程

用户可以在云创全自动建模平台上创建模型。首先编写模型的基本信息，然后结构化数据并将数据集导入。用户可以查看数据集的统计分析结果，并选择预测目标、任务类型和 ID 列。接下来，平台会自动进行训练，同时同步训练进度与日志。当模型训练完成后，用户可以查看生成的模型。平台会提供特征重要性、效果指标和效果评分供用户参考。如果用户有非训练数据的诊断数据集，还可以使用模型诊断的方法来测试模型的效果。确认效果后，用户可以进行模型的在线或离线应用。

3. 取得成效

飞算云创的全自动建模产品可以帮助客户快速从传统风控升级至人工智能风控阶段，在有效控制风险的同时将审批效率从人天级别提升至秒级。通过引入 AI.Modeler，用户可以通过零代码完成建模工作，生成的模型可以一键发布成 API 并进行应用，建模效率提升 10 倍以上。飞算云创的全自动建模产品的建模效果可以媲美建模专家，可以自动生成可解释性报告及成套模型评估指标，模型可解释性强。同时支持多业务、多模型管理，相应操作简单便捷，模型性能稳定，逾期率大幅下降。

飞算云创的全自动建模产品是业务人员零门槛上手的机器学习建模产品。当前金融科技呈现加速发展状态，但是专业建模人员资源有限，加之建模调参需要较高专业水平，这无疑制约了金融科技的发展。飞算云创的全自动建模产品可以大幅降低企业运营成本，提升风控团队工作效率，提升金融机构的服务效率和智能风控能力。有风控研究员表示："飞算云创的全自动建模产品可以一键式满足我的需求，对我们业务人员来说非常友好。"

7.9.2　案例二：宜昌传染病多点触发监测和智能预警平台

在湖北宜昌，翼方健数运用大数据、隐私安全计算、人工智能等技术构建了宜昌传染病多点触发监测和智慧预警平台。该平台通过打通多个政企内外部数据源和跨平台联合计算，实现了从数据汇集、数据清洗、数据治理、数据确权、数据探测、数据授权、数据计算到数据价值流通和共享的全流程一站式服务。该平台高效、标准化地治理和融合了宜昌市的数据。通过传染病知识图谱和动态仿真模型等智能手段，他们构建了疾控监察哨点，实现了对新发疾病的监控、预测和预警，实现了数据驱动的智能传染病防控体系。

1. 痛点分析

宜昌市将智慧多点触发监测与智能预警机制建设视为刻不容缓的头等大事。传染病的防控涉及大量个人数据，而传染病临床数据属于高度隐私敏感数据，因此传染病数据平台需要强大的安全权限保护机制以防止数据泄露。另外，传染病的防控研究涉及医学、统计、AI 等不同的专业知识，需要不同类型的专业工作者共同参与使用这些数据来攻克传染病防控问题。因此他们需要在确保数据安全、个人隐私和数据授权使用的前提下让数据高效流通起来。

2. 解决方案

翼方健数采用数据分块加密、密钥管理、差分隐私、安全沙箱计算、可信执行环境、联邦学习等各种先进的安全技术手段，在数据安全、授权、隐私保护的前提下建立开放的数据协作机制。该机制在保护数据安全和个人隐私的前提下，联动了卫生健康部门以及海关、边防、民航、教育、市场监管、商务、交通、民政、公安、通信、住建等政务部门的数据。通过联邦学习，他们利用第三方公司提供的网络搜索数据、地图数据、人员流动的时空数据，建设成覆盖医疗机构、各级各类学校、机关企事业单位、机场、车站、大型商超、集贸市场等重点单位场所的各环节的监测网络。翼方健数联合城市医疗数据隐私安全计算平台与城市政务数据隐私安全计算平台形成城市级联盟，以此构建涵盖人员、物品及产品、环境及场所的多点触发监测与智能预警机制，完善传染病疫情监测系统，织密不明原因疾病、聚集性病例和异常健康事件的监测网。

翼方健数的数据价值全栈技术矩阵如图 7-37 所示。

图 7-37　数据价值的全栈技术矩阵

本案例可以统一治理不同来源的开放数据，通过数据治理应用对多个来源的原始数据进行处理，包括数据脱敏、字段映射、数据清洗、结构化处理、主数据映射归一等，最终形成统一的数据资源。翼方健数的多点触发监测与智能预警平台结合众多 AI 应用，赋能数据流通全链路，实现了高效的多个机构的原始数据清洗和归一，可准确提取电子病历中关于症状、检验检查、诊断、用药等关键信息。

该平台还可提供预警规则配置工具，基于疾病的知识库，可以配置疾病的预警规则，包括预警分级标准、判断标准、预警形式、响应单位、反馈周期和内容等。通过预警规则的配置和医疗大数据应用开放平台提供的智能预警、预测等服务，可以实现最终的疾控预警，并完成预警信息的闭环管理。其次，该平台提供的关于预警任务的流程管理工具，可基于预警规则的配置和角色、工作流程配置，实现监测、预警、结案、评估、督导等全流程预警任务的闭环。

在该平台中，可以通过医疗大数据应用开放平台提供的数据服务，实现对原始病历、公共卫生文档的高效并行检索和查询。该平台还结合居民个人信息及工作、学习信息以及药品零售、天气、网络搜索热点等多个来源的开放数据，基于五大症候群完成了预测模型，实现了 AI 辅助诊断，从而帮助用户及时发现热点，及时进行传播追溯和控制，实现数据驱动的疫情防控。

3. 取得成效

翼方健数通过传染病多点触发监测和智能预警平台建设，完善了传染病疫情监测系统，实现了病例和症状监测信息直接抓取、实时汇集，从而提高了疫情实时分析、集中研判的能力。该平台可有效预警高达 700 次 / 月，法定传染病网络直报运行率为 100%，医疗机构传染病漏报率城区低于 2%，县市低于 4%。数据治理应用可对自然语言描述的医疗主观数据进行结构化处理，这大大减少了人工投入成本，可以帮助建立持续的数据治理流程，与传统方法相比效率提高 10 倍以上。该平台通过哨点监控辅助诊断 1 万次 / 月，症候群预测准确率达到 88%。

宜昌市将基于该平台将以传染病疾控为出发点，逐步促进政府公共数据与社会企业数据融通。本案例中使用的疾控模型开发环境，也可以在保证安全的前提下为社会企业提供数据开发环境，以促进宜昌市数据要素市场发展。

数据快速流通在实现惠民的同时，也可以保障地方经济的提升。作为营商环境的硬核加分项，基础设施和应用的升级，会带来更多新业态和产业。企业可以通过宜昌的数据互联网，进一步提升应用场景的响应速度，寻求发展机遇的同时，通过政企数据融合让城市流淌优质的"数据"血液。

宜昌不止于城市力量的夯实，还将目光放在内外循环的方式上，以求打通城市之间的数据流通管道。在数据生产要素应用不断创变的大背景下，数据使用也应打破地域和人群的边界，各个区域、各个城市共同发力，联合协作，这将对数据流通市场的建设以及数字化经济的发展起到更为巨大的推动作用。

宜昌传染病多点触发监测和智能预警平台架构示意如图 7-38 所示。

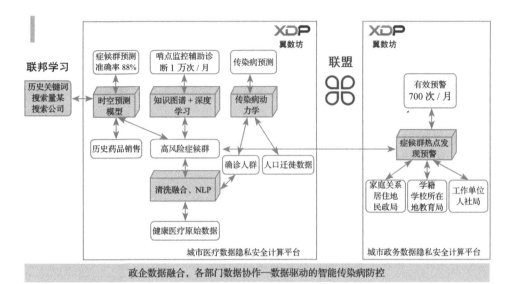

图 7-38　宜昌传染病多点触发监测和智能预警平台架构

7.9.3　案例三：基于隐私计算的车险智能核保方案

保险作为典型的数据密集型产业，决定了其与生俱来的数字属性。保险产品的设计和运营，处处需要数据分析（精算）的支持。无论是保险产品的风险定价，还是后续的定损和赔付，保险的经营管理者都需要从尽可能多的角度获取投保、被保险主体的信息，其中涉及个人信息的部分必然需要对其隐私数据予以合规授权和保护。

保险机构本身所拥有的数据无论从维度上看还是从总量上看都比较有限，需要引入如医疗、互联网消费据、通信、车联网等大量外部数据，辅助完成用户画像及保险精算模型构建。

1. 痛点分析

我国目前车险体量虽然很大，但是行业普遍处于亏损状态。2021 年 9 月，据《证券日报》记者从相关渠道得到的数据显示，2021 年前 7 月，全国车险综合成本率为 100.93%，这意味着从全行业来看，车险经营陷入了暂时性的全面亏损局面。

因为我国车险多为监管定价，个体差异化的定价方式仍处于探索阶段。因此如何利用好多方数据，在监管合规的前提下为保险公司寻找优质车险客户是提升保险盈利能力的合规方式。

2. 解决方案

该方案依托从人以及从车的大数据模型，为保险公司提供车辆及驾驶者的精准画像，预测车险客户的出险概率，为保险公司个性化报价提供重要参考。该方案还可以为优质车主提供高性价比的车险增值服务，最终降低保险公司的理赔成本，创造盈利空间，为车险行业的良性发展提供助力。

国家信用大数据中心研究机构联合保险公司打造保险客户精准画像模型项目。本项目借助多方安全计算技术，完成保险公司自有客户数据与外部数据的融合，丰富现有客户画像。另外，在取得客户授权的情况下，协助保险公司完成潜在客户的风险画像，帮助保险公司主动营销低风险客户，提高保险公司的产品盈利能力。

微言科技打造了基于隐私计算的车险智能核保方案，在保险公司、国家信用大数据中心、互联网平台等多方数据不出私域的前提下，联合各参与方实现建模，安全、有效地使用多方数据资源，从而为营销、核保等环节提供智能核保模型。

针对车险的地域性特点，通过联邦学习技术将保险公司的理赔数据与大数据中心的个人、车辆等多维度数据进行结合，训练智能核保模型，对客户出险概率进行预测，为保险公司提供筛选优质客户的能力。

为了确保智能核保模型的时效性，系统会定期更新模型外出险数据，并对模型进行自动优化。

本案例以 API、云端查询调用的方式提供智能核保模型，并在结果中提供判断依据，以帮助保险公司精准识别目标客户。

基于隐私计算的车险智能核保方案示意如图 7-39 所示。

3. 取得成效

隐私计算技术在本案例中发挥了关键作用，一方面让项目满足《个人信息保护法》和《数据安全法》的要求，保护了用户隐私数据，另一方面在数据不出系统的情况下充分应用了三方数据，实现了模型的建立与调用，并提升了模型性能。

本案例已在 8 省 13 个城市落地应用，共核保 5 亿元，智能核保模型的日均调用量超过 1000 次。通过智能核保服务，保险公司的车险赔付率由 75% 降到 51%，有效为保险公司提高了车险产品的利润率。

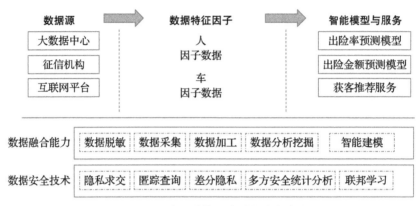

图 7-39　基于隐私计算的车险智能核保方案

7.9.4　案例四：隐私计算助力中国工商银行普惠金融创新实践

中国工商银行（以下简称工商银行）与数牍科技、中国移动合作，采用联邦学习技术，打破跨机构间的数据协作壁垒（数据交易），实现基于隐私保护的多方数据安全融合。这丰富了银行针对中小微企业的风控模型，提高了中小微企业信贷审核效率及风控精度，提升了普惠金融服务能力。本案例是隐私计算在银行普惠金融落地应用中的典范。对工商银行而言，本案例是从总行技术研究到赋能地方分支机构，实现业务创新的重大跨越。本案例具备可验证、可落地、可复制推广的特色。

1. 痛点分析

中小微企业融资难往往是企业规模小、缺乏有效的抵押担保资产、信息不对称等因素导致的，这些因素会使信贷需求和信贷供给错配。工商银行调研发现，各分行无法结合地方特色对本地客户进行精准风险管理，因此急需利用本地注册企业的各个维度的信息打造更全面、更精细化的信贷风控系统，以降低不良率，提升资产质量，提高金融服务的普惠力度。

工商银行希望通过引入外部合规数据源进行联合建模，来破解信贷环节中信息不对称问题，而多方数据融合面临原始数据泄露与隐私泄露风险，且面临数据来源多、格式杂，数据处理及多方数据协作技术投入高等难题。此前，工商银行软件开发中心已探索隐私计算技术，经过长期技术及业务可行性验证，最终选择数牍科技提出的基于隐私计算技术的多方数据安全协作解决方案来赋能地方分支机构的普惠金融业务，并率先在山东分行落地应用。

2. 解决方案

本案例中，技术层面，数牍科技运用联邦学习等隐私计算技术，在保证原始数据互不可见、合法合规的前提下，实现多方数据安全协作；业务层面，数牍科技帮助工商银行山东分行引入中国移动山东分公司的数据资源，为分行中小微企业信贷风控补充了具有地方特征的多样化信息。数牍科技基于联邦学习等技术，帮助工商银行软件开发中心、工商银行山东分行、中国移动山东分公司基于多样化的企业法人数据特征，进行联合建模，丰富了企业用户画像信息，完善了贷前评估和贷后预警模型。本案例的整体示意如图 7-40 所示。

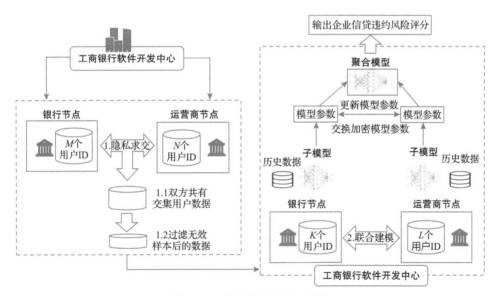

图 7-40　数牍科技案例示意图

3. 取得成效

在技术方面，相比于传统的大数据风控系统，本案例具有如下特色。

❑ 在系统使用层面降低了对数据分析人员专业能力的要求，普通工程师也可以通过该系统进行风控模型的训练。

❏ 通过融入多方数据提高了模型的准确率。

❏ 规范了工商银行山东分行的数据使用形式，降低了数据泄露的风险。

❏ 带动了工商银行山东分行以创新技术应用赋能金融数据价值。

在业务方面，本次通过隐私计算技术对多方数据进行融合应用，为工商银行构建贷款初筛模型。该模型已参与数百笔贷款的贷前审批，目前已放款的中小微企业尚无出现重大风险（出现 M3+ 逾期）。当该模型完整应用于现有业务（如 2020 年工商银行山东分行共发放小微企业贷款 400 亿元）时，结合不同贷款产品的风险情况和贷款年限，预计可降低工商银行现有小微贷款 0.2% 的全周期坏账，年降低小微企业不良贷款损失 8 000 万元以上。该业务模式推广后，预计会成为中国移动山东分公司的一大收入突破点，形成规模化收入。

数牍科技还将打造面向小微商户的开放式融资服务新模式。对应的服务上线后，客户可在线主动申请业务，由系统开展自动审批，从而大幅提高业务办理效率和客户体验，并进一步扩大普惠金融服务面。

本案例具有良好的示范性，在普惠金融对中小微企业的风险管理及营销策略调优方面，具有较高的落地价值。本案例当年入选了"山东省金融科技创新监管工具第一批创新应用项目"，明确了隐私计算技术对地区金融机构和企业精准融资业务的支撑作用。

对行业发展而言，本案例产品的成熟应用标志着隐私计算技术在金融行业的应用更进一步。从技术研究、技术验证，到推广至工商银行区域分行实现真正落地应用，标志着隐私计算技术逐渐成熟，足以支撑地方普惠金融创新应用。同时，此类中小微企业的信贷风控场景也是本案例产品为国有银行、股份制银行、城商行等金融机构提供服务的高频场景，具有较高的业务横向拓展及推广价值。

对产业发展而言，在数据安全及个人信息保护相关法律法规的推动下，隐私计算已成为数字产业化与产业数字化发展进程中的关键技术。2021 年 12 月，国务院办公厅发布的《要素市场化配置综合改革试点总体方案》明确提出探索"原始数据不出域、数据可用不可见"的交易范式。由此可以推知，隐私计算技术在各行各业将迎来高速发展，未来隐私计算技术将作为数据流通中的底层基础设施，赋能数据要素市场有序发展。

7.9.5　案例五：基于隐私计算的小微商户普惠金融服务

本案例希望基于蓝象 GAIA 隐私计算平台，实现数据"可用可不见"，即在数据不出库的情况下，实现"工商银行 + 银联"数据融合。通过集成思想，研发商户违约预测、刷单套现精准识别以及资金流向违禁领域探测等三大模型，覆盖反欺诈、贷后资金流向监测等方面。制定综合化授信、差异化定价等业务应用策略，实现流畅的全线上运营，打造开放式商户融资服务新模式，为普惠业务发展再添新动能。

1. 痛点分析

❑ 小微市场发展前景广阔，普惠金融是工行重要获客途径。小微商户数量多，总体规模大。以个体工商户为典型的经营主体，金融需求多样、交易活跃，是未来优质客户的重要来源。为进一步提升小微服务覆盖面，进行精准营销，工商银行希望与银联合作，拓宽商户服务范围。

❑ 业务发展面临同业竞争和数据强监管双重挑战。同业竞争压力和数据安全"强监管"对工商银行数字普惠金融发展带来一定的挑战。近期，国家相继出台了《数据安全法》《个人信息保护法》等法律法规，对个人信息、敏感信息及其他数据的收集、存储、使用、加工、传输等提出了严格的要求。数据是数字普惠业务的核心资产，如何在安全合规的前提下，应用外部数据提升场景获客风控水平，已成为工商银行发展数字普惠业务的新挑战。

❑ 数据隐私交互推动工行数字普惠服务新升级。隐私计算技术能够在数据安全的要求下高效帮助不同机构打破数据壁垒进行数据共享使用。利用隐私计算技术，在数据不出域的情况下，银联和工商银行实现商户信息融合互补，深入描述小微商户画像，为客户风险评估等提供更全面有效的数据基础。

2. 解决方案

工商银行及中国银联分别部署蓝象 GAIA 隐私计算平台节点，并各自将目标客户数据导入节点，节点间通过组网实现点对点通信。利用蓝象 GAIA 平台的隐匿求交（PSI）功能，可以计算交集客群，利用联邦学习（FL）功能模块对交集客群的工商银行 Y 标签与银联 X 标签进行联邦学习建模，后将模型发布为评分服务接口，对工商银行目标客群打分，最终实现如下业务应用。

❑ 利用隐私技术平台，打破信息互通壁垒，确保外部数据使用合规安全。在数据不出行、保障信息安全的情况下，打破信息互通壁垒，实现"工商银行＋银联"数据隐私融合，有效解决了隐私保护与大数据运用之间的矛盾，开创了工商银行与外部机构信息交互合作的先河。

❑ 实现数据隐私融合，充分利用银联信息，构建全新场景模型及风控体系。通过结合银联支付交易特征信息，以及工商银行内已有的征信、流水等信息，进一步丰富风险画像，构建全新场景风控体系。在入口端，优化商户违约预测模型，风险识别效果提升 20%；深入分析商户收单特征，打造"刷单套现"精准识别模型，有效防范欺诈风险。在闸口端，基于知识图谱技术，补充借款人同名跨行及关联交易的资金流向分析，打造全新的资金流向违规领域探测模型，提升贷后监测覆盖面及精准度。

❑ 创新业务模式，打造开放式融资服务方案，实现全线上智能运维管理。基于风险评估模型和业务经验，制定了综合化授信、差异化定价等精细化应用策略，实现全线上智能运维管理。同时，以业务发展为导向，创新打造面向小微商户的开放式融资服务新模式，将服务群体拓展至数千万银联收单商户，以进一步扩大服务面，提升金融普惠性。客户可在线主动申请业务，由系统开展自动审批，实现最快"三分钟申请，一分钟放款"，大幅提高业务办理效率和客户体验。

工商银行银联普惠金融场景隐私计算合作示例如图 7-41 所示。

3. 取得成效

❑ 扩充客群：通过引入蓝象 GAIA 联邦学习平台，提高了建模开发效率及模型效果。与原有模型相比，小微商户业务模型的性能提升 20%，同时带动了业务收益增长，帮助银行更全面判别客户资质，通过预测，场景准入率得到大幅提高，户均授信提高 30%，扩大了小微商户群服务规模，实现了场景提质增量。

❑ 降低成本：在满足数据隐私、安全和政策法规监管的要求下，本案例高效且安全地打破了数据壁垒，实现了数据共享使用。联邦学习在这方面适用性非常强，难以被其他技术替代。使用蓝象 GAIA 隐私计算平台，可以进行私有化部署且可以满足关键数据不出域的要求，从而使工商银行和银联双方合作操作成本降低 50%，并规避了工商银行对传统外部数据使用模式的弊端。

❑ 提升性能：蓝象 GAIA 平台将自适应和高性能方案引入联邦建模场景，在网络带宽和硬件资源一定的情况下，使计算效率最高。该方案在真实场景下与之前方案相比计算性能可以提升 2 倍以上。

图 7-41　工商银行银联普惠金融场景隐私计算合作示例

7.9.6　案例六：隐私计算算力解决方案

在信贷场景下，某头部互联网银行希望通过隐私计算技术中的纵向联邦学习，在保障隐私数据安全的基础上，对数据进行处理和计算。但是受制于大数据规模下联邦学习的计算性能低的缺点，无法将技术落地。针对此问题，星云 Clustar 为其定制开发了基于 NVIDIA GPU 和 Xilinx FPGA 的联邦学习异构加速一体机。该产品通过 GPU+FPGA 的算力极大地提升了联邦学习整个端到端的计算性能，为联邦学习技术方案的落地提供了保障。

1. 痛点分析

新兴的隐私计算可以在保护数据隐私安全的前提下实现数据的融合与流通，但是同时也会产生巨大的额外压力。

首先是计算压力。隐私计算采用大量密文计算，加密后的数据计算会产生大量的算力开销，单次模型训练与迭代的耗时将会呈现指数级增长。为了保证计算过程的安全性，隐私计算理论上要比明文计算付出更大的计算和存储代价。

其次是通信压力。相较于传统分布式学习技术，隐私计算的模型分布于不同机构、不同行业的参与方。因此，隐私计算的实际应用往往需要频繁进行通信以交换中间结果，加之以密态来传递中间结果，这进一步降低了数据传输效率。

在实际商业化应用项目中，隐私计算又涉及多个数据源或计算节点同步计算，一旦有一个环节的性能受限，就会直接限制整个计算平台的性能。因此，解决隐私计算性能或者说计算效率问题，是决定隐私计算能否实现从量变到质变的关键。

2. 解决方案

为了解决隐私计算技术难以在大规模数据量下应用的问题，星云 Clustar 基于在高性能数据中心、网络通信等领域的深厚研究，推出了业界首款硬件异构算力加速方案。该方案采用星云 Clustar 自主设计研发的多任务并行、多引擎架构，该架构支持 GPU 和 FPGA 加速，能够灵活加速处理多种类型的加密工作负载，从而大幅强化分布式计算的通信效率与计算能力。

星云 Clustar 为某头部互联网银行定制了联邦学习异构加速一体机，该异构加速一体机通过对 FATE 联邦学习过程中的数据加密、数据解密、数据混淆、密文矩阵乘法、密态加法、密态乘法、模幂算子、模乘算子等操作进行解构和重组加速，实现了性能的成倍提升。

3. 取得成就

星云 Clustar 在大数据量的情况下，针对用户特定的需求，提供定制化的算力解决方案，运用公司研发的产品对联邦学习进行大幅性能加速。在该银行的实际应用场景中，数据量达到 1 千万级别，数据特征维度超过 30，他们需要进行 FATE 纵向联邦训练。星云 Clustar 提供的联邦学习异构加速一体机相对于多核 CPU，端到端加速效果提升 3 倍；相对于单核 CPU，加速效果平均提升 60 倍，具体如表 7-4 所示。由此可见，该方案显著提高了联邦学习的训练性能，大幅度降低了模型训练耗时，加速了业务的产品版本迭代，推进了业务场景商业落地，提升了用户使用体验，为整体行业带来效率和商业价值提升。

表 7-4　不同数据量加速效果量化表

	参与方 1 数据量和维度	参与方 2 数据量和维度	CPU 计算 耗时 -16 核	FPGA+GPU 计算耗时	20 核性能 加速比	单核性能 加速比
数据	1 000 万 ×10	1 000 万 ×30	0：39：52	0：10：38	3.75	60
使用硬件说明	CPU：Intel(R) Xeon(R) Platinum 8163 CPU @ 2.50GHz 16 Core GPU：Nvidia V100 FPGA：Xilinx VU13P					

第 8 章

全国数据流通产业生态链

数据要素是数字经济深化发展的核心引擎。据国家工业信息安全发展研究中心最新测算，到 2025 年，中国数据要素市场规模将突破 1 749 亿元[⊖]，整体进入高速发展阶段，数据流通正迎来加速期。

随着数据流通领域的发展和相关产业政策法规的发布，在新型数据交易流通框架下，数据流通产业所涉范围更大、层次更深，所以会更加重视数据的安全合规、场景化交易、数据融合、数据新价值的发现等。数据流通产业活动已逐渐成为系统性、生态性的市场活动，涵盖了数据流通主体的协同发展体系。在支撑技术层面，数据流通产业更关注数据的隐私保护，其中特别强调利用隐私计算、区块链等技术，打造"数据可用不可见，用途用量可计量"的新型交易范式，以保证数据的提供方和数据需求方等的权益。

8.1 数据流通核心产业

2022 年 6 月 22 日，中央全面深化改革委员会第二十六次会议审议通过《中共中央 国务院关于构建数据基础制度更好发挥数据要素作用的意见》，并提出

⊖ 数据来自国家发改委于 2020 年发布的《2019 年全国政务外网建设、应用及运行情况》。

要建立合规高效的数据要素流通和交易制度，完善数据全流程监管体系，建设规范的数据交易市场。数据要素市场化的核心是数据交易流通，涵盖了数据资产化、数据确权、数据定价、收益分配、数据交易流通、数据服务商（简称数商）等产业。

1. 数据确权

数据确权是数据交易和流通的前提，《民法典》虽将数据纳入了保护范围，但只是原则性地规定了应对数据权利进行保护，并没有明确规定如何进行保护。要明晰数据权益的所属关系，关键在于做好数据权利分割、数据分类和数据分级，并根据数据的类型、数据的特性，进行分级、有区别地精准化管理。对于重要的、安全性要求高的国家数据或者企业数据，可以不公开、不共享。对于较重要的，安全要求较高的数据，可以有条件地共享和开放，并采用隐私计算或区块链技术，实现数据"可用不可见""可算不可识"。对于那些具有公用特性的数据，可以采用数据集或者 API 的形式开放共享。

2. 数据资产化

数据的资产化就是让数据在市场上发现价值。企业通过自己日常的经营活动积累了大量的数据，企业可以通过数据反馈回路为自己增值，这是数据的"一次价值"，即数据的一次价值在企业内部产生；而数据的"二次价值"则在企业外部实现，即数据通过流通，让外部的企业也同样能够获得一个数据反馈回路，以此增加该企业的价值。数据只有流通起来才有可能真正释放价值，所以这种价值又称"流通价值"。

不同的业务模式都是在数据资产化的趋势之下衍生出来的，这些模式彼此之间的差别巨大，收入结构和成本结构各不相同。众多业务模式所代表的力量和趋势汇成了数据流通产业发展的洪流。

3. 数据定价及收益分配

目前，国内外数据交易机构和理论界都在探索数据要素定价的方法、模型和策略。在实践中，数据资产价值评估主要有市场法、收益法及成本法等传统方法（前文有介绍），还有基于统一费用定价、溢价定价和线性定价等简单的定价方法。对数据要素进行定价的方法和模型，以及数据要素定价机制的研究尚处于起步阶段。数据作为生产要素必须基于场景考虑其定价，比土地、劳动力、资本、技术等传统生产要素的定价更为复杂。此外，数字技术也会对数据要素定价产生影响。

制定数据要素市场的数据权益分配机制时，建议跳出传统的产权思维范式，充分平衡数据生产关系中的多方主体的利益诉求，根据数据性质建立精细化的数据权益分配体系，并配置与企业正当盈利模式相符的数据经营权、收益权、处分权、受偿权等。

由于数据采集、数据分析等各环节的参与者各不相同，因此在进行权益分配时需要兼顾多方的利益，特别是数据采集者、加工者与内容所有者的利益。在加强数据共享的同时，要注重数据权益的保护。数据作为企业的资产，应该按其在生产活动中的贡献向数据所有者支付费用。数据分析师等相关数据从业人员是决定数据价值是否能充分体现的关键因素，数字人才是按数据要素进行分配的主要受益者。数据要素收益分配的额度应该与数据要素在生产价值创造过程中的贡献率相符。

4. 数据交易流通

随着培育数据要素市场步伐的加快，各地也迎来了一轮新的数据交易市场的建设热潮。传统交易所只是一个供需撮合平台，但数据交易所要做的并不单纯是撮合双方买卖，而是要建立一套技术、规则、机制、流程都健全的基于数据流通的信任体系。

北京国际大数据交易所是国内首家新型数据交易所。它的"新"体现在创新交易模式、创新交易技术、创新交易规则、创新交易生态和创新应用场景上。它的核心定位是成为国内领先的数据流通基础设施，以及国际重要的数据跨境流动枢纽。

上海数据交易所则首提"数商"新业态，即涵盖数据交易主体、数据合规咨询、质量评估、资产评估、交付等多领域，培育和规范新主体。它的定位是成为一个国家级的交易所，配有准公共服务机构的职能，构建全链生态，打造一个全数字化的交易系统以及创新制度规则。

继京沪之后，广东省也在推进数据交易所的建设。依托现有交易场所建设省级数据交易所，搭建数据交易平台，推动数据经纪人、"数据海关"试点，支持深圳市探索数据交易。

对数据交易所来说，交易量最能体现市场活跃度，而提高盈利水平并非数据交易所当下的主要目标，创新业务模式，赋能市场，推动数字经济发展才是重点。数据交易所的成立将催生一批新业态，涵盖数据估值、评级、审计、托管等中介服务商。催生新产业、新业态、新模式，才是当前构建数据交易生态最重要的工作。

5. 数商

数商是以数据资源为基础，利用大数据、隐私计算等技术，围绕数据存储、采集、清洗、建模、分析、流转、可视化等流程来提供单一或者综合的专业服务的机构，它的产品或者服务的输出即为数据交易。数据交易所可为数商与相关方搭建快捷的交易平台，基于海量多维数据助力其数据产品、服务变现。

深圳数据交易所于 2022 年初发起"2022 数据要素生态圈"计划，该生态圈汇集了数据需求方、数据提供方、数据承销方、数据监管方、技术服务方，以及法律、咨询、学术方面的专家等数据流通参与主体，其中数商占比九成以上。生态圈的共建将加速引导各参与主体积极参与数据要素市场相关活动，探索开展数据交易的方式，保障数据安全有序规模化流动，持续完善数据交易规则标准，加快构建可信数据交易环境、构建完善数据要素市场生态体系。

数商和数据市场的发展将直接驱动数字经济与实体经济的深度融合，倒逼传统企业加速信息化进程，推动企业数字化转型、智能化加速落地，加速各类新业态的涌现，并引领全社会迈向新的商业文明时代。

8.2　数据流通基础设施产业

数据流通和交易需要数据基础能力的支撑，夯实的数据基础能力有助于更好地对数据资源进行开发和利用，将数据资源安全、合规地转变为数据资产。当下来看，我们需要积极推送数据安全治理、数据存储备份、隐私计算、数据脱敏、数据泄露防护、数据安全运营、数据审计、数据安全应急处置等产业发展，着力提升数据"采—存—算—管—用"全生命周期的基础支撑能力，打造数据交易流通的重要基础设施及安全体系。

1. 数据安全治理

数据安全治理是以数据为中心，以组织为单位，用合规驱动满足数据安全保护需求的管理、技术、运营体系建设。数据安全治理围绕数据全生命周期展开，涵盖数据的采集安全、存储安全、计算安全、管理安全、调用安全和流转安全。在实践中以数据分类分级、角色授权、安全评估和场景化安全为基础，依托以能力成熟度评估模型（DSMM）为代表的方法体系，保护数据机密性、完整性和可用性。依据法律法规开展数据安全治理，符合监管合规要求，并可减少数据泄露风险。数据安全治理贯穿整个数据安全流通的始终。

数据安全治理技术架构如图 8-1 所示。

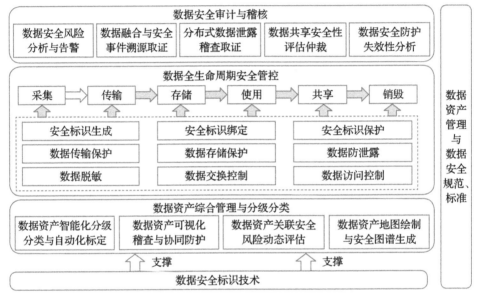

图 8-1　数据安全治理技术架构

数据安全治理技术架构以数据安全标识技术为基础，以数据资产管理与数据安全标准规范为基准，依托安全标识的生成、编码、绑定、保护等技术手段，围绕数据采集、传输、存储、使用、共享、销毁等全生命周期处理流程，从数据资产综合管理与分级分类、数据全生命周期安全管控、数据安全审计与稽核三方面展开数据的安全防护与治理，实现数据资产安全态势可展现、数据安全风险可感知、数据细粒度安全策略可运维、数据安全保密防护可协同、数据防护水平可评估、数据安全事件可追溯等，为加快数据资源层和应用创新能力形成提供技术保障。

中国数据治理市场经过几十年的发展，市场需求已经发生了重大转变。数据治理已经从政府行业、金融行业、能源行业延伸到制造、交通、建筑等行业，其价值和必要性逐渐被认可，应用前景越来越广泛，整体市场迎来高速增长。IDC 将中国数据治理市场分为数据治理平台市场和数据治理解决方案市场。其中，数据治理平台市场在 2021 年规模就已达到 23.9 亿元，数据治理解决方案市场 2021 年规模达到 26.6 亿元。从市场增长角度看，预计这两个市场未来几年的市场规模增长都将远高于 2021 年的年度增长。

2. 数据存储安全

DSMM 中将数据存储安全定义为数据在以任何数字格式进行存储的阶段涉及的数据完整性、保密性和可用性（即 CIA）。数据存储安全包含了 3 个过程域，分别为存储介质安全、逻辑存储安全、数据备份和恢复。

存储介质安全针对的是组织内需要对数据存储介质进行访问和使用的场景，需要提供有效的技术和管理手段，防范可能出现的对介质的使用不当而引发的数据泄露风险。伴随着大数据带来的超高容量需求，存储系统已从硬件发展到软硬件分离、软件定义存储的阶段，从而实现了高效、安全的海量数据存储。

逻辑存储安全被定义为基于组织内部的业务特性和数据存储安全要求，建立针对数据逻辑存储及存储容器等的有效安全控制机制。

数据备份和恢复被定义为通过定期执行的数据备份和恢复操作，实现对存储数据的冗余管理，保护数据的可用性。数据备份主要通过冗余的方式保障数据的完整性和可靠性。数据备份对于防止数据丢失、损毁、篡改等能够发挥重要作用。在勒索软件频出的背景下，数据备份能够确保数据资源快速恢复、保障业务的连续性。

3. 隐私计算

隐私计算是数据安全流通环节革命性的技术，主流技术路径包括多方安全计算、联邦学习、可信执行环境等。在引入隐私计算技术之前，数据的流通只能采用将原始数据交付给特定对象的方式。尽管接收数据的对象可以有所限定，也可以通过合同、协议等法律手段增强保障，但由于数据可无限复制的特性，原始数据的流动实际改变了数据的所有权结构，使得数据源的供应方边际价值持续降低，从长远来看这不利于数据的流通。

而隐私计算技术通过对原始数据进行加密后再计算，将计算的结果给到需求方，从而实现了"数据可用不可见"的安全流通模式。原始数据牢牢掌握在数据源方手中，不必担心数据泄露。作为数据的需求方，能够根据特定的算法和运算逻辑得到可信的数据计算结果，从而满足业务需要。隐私计算将数据流通的模式从过去的不可控的数据所有权让渡转变为可控的数据使用权授予，这样可以有效支持数据使用权按次付费的新商业模式。

当前，政府多部门发文鼓励隐私计算的落地应用。隐私计算在金融、医疗、能源、政务、互联网等多个产业中蓬勃发展。利用隐私计算保障数据安全流通，已成为数据流通环节的普遍趋势。

在 2021 年中国隐私计算基础产品服务的技术采购中，金融、政务、运营商占据 75%～80% 的市场份额，医疗领域占比约为 10%。另外，金融、政务、运营商的核心投入期集中在 2022 年到 2024 年，预计 2025 年将取得收官成果。以银行为例，预计至 2025 年，国有商业银行、股份制银行、40%～50% 的城市商业银行均将完成隐私计算的平台建设。医疗领域在卫健委政策和行业用户需求的推动下，预计在 2023 年到 2025 年，在基础产品服务的投入上产生一定增速。

4. 数据脱敏

数据脱敏是一种保护敏感信息的技术手段，可以分为静态脱敏和动态脱敏。

静态脱敏是指对敏感数据进行变形、替换或屏蔽处理后，将数据从生产环境导入其他非生产环境进行使用，例如需要将生产数据导出并发送至开发、测试等环境。

动态脱敏会对数据进行多次脱敏，例如在用户访问生产环境中的敏感数据时，通过匹配用户 IP 或 MAC 地址等脱敏条件，根据用户权限采用改写查询 SQL 语句等方式返回脱敏后的数据。例如运维人员在运维工作中直连生产数据库，业务人员需要通过生产环境查询客户信息等。

5. 数据泄露防护

随着《数据安全法》以及《个人信息保护法》的正式施行，各行各业对数据安全的关注程度更进一步。想做好数据安全就必须先做好数据安全治理，而防数据泄露是数据安全治理的重要目标，也是整个数据安全生命周期中的一个重要命题。

防数据泄露指使用先进的内容分析技术，在统一的管理控制台内对静止的、流转的或使用的敏感数据进行保护。

- □ 防数据泄露的核心是通过识别文档等数据资产内容，根据策略执行相关动作，以此来保护数据资产。
- □ 防数据泄露的内容识别方法包括关键字识别、正则表达式、文档指纹、向量学习等。
- □ 防数据泄露的实现策略包括拦截、提醒、记录等。
- □ 防数据泄露的目的为根据业务场景保护数据资产，包括从发现到加密再到管控、审计的智能化数据防护。

数据泄露防护主要用于解决故意泄露、无意泄露、合规性和外部威胁等数据安全问题。

根据泄露途径不同，数据防泄露分为网络数据防泄露（网络 DLP）、终端数据防泄露（终端 DLP）、存储数据防泄露（存储 DLP）、云数据防泄露（云 DLP）。

网络 DLP 也叫无代理 DLP，可以提供网络流量的可见性并可以对流量进行控制。网络 DLP 通常以专用硬件设备或软件形式以旁路监听的方式部署在网络边界，当然也可以用串联或代理的方式进行部署。多个网络 DLP 设备可以采用集群化部署。

终端 DLP 主要指运行于笔记本电脑、服务器等的硬件设备，及 Windows、Linux、Apple OS 等支持的软件客户端。该客户端提供可见性，并且在有需要的时候对数据进行精准控制。

存储 DLP 也叫发现 DLP，可主动扫描网络上的笔记本电脑、服务器、文件共享系统和数据库，可提供一个驻留在这些设备上的敏感信息分析服务。存储 DLP 的解决方案需要在被扫描的机器上安装一个代理。

数字化产生了大量有价值的数据，但也带来了更高的风险。无论这些数据存储在哪里或传输到哪里，都需要受到保护。当前 DLP 系统面临的主要挑战是如何与业务流程进行深度集成和如何进行智能自动化。

6. 数据安全运营

数据安全运营服务是利用安全服务人员的专业技能，从数据安全摸底、数据安全策略的制定及升级、数据安全风险管理以及数据安全优化等方面为数据安全提供全方位服务。

数据安全运营的基础工作包括：对数据进行分类分级，构建数据标签；建立资产库和资产大盘，掌握数据资产在业务上的分布及其风险状态；进行权限管理，形成关键业务日志等。数据在收集阶段的涉敏资产发现服务，数据在存储中的扫描服务、加密存储服务，数据在使用过程中的文件分发平台等基础能力的建设应坚持对标业界，避免走弯路，提升效率。

数据安全运营日益成为行业热点，主要原因有如下两个。

❏ 大环境也就是国内外的网络安全形势，迫使我们不断推进安全工作的迭代。

❏ 政策法规推动下的合规管控要求不断增强，"网络安全等级保护"（简称等保 2.0）把传统网络安全、云计算、物联网、移动互联、工业控制、大数据等新技术纳入，与"信息系统安全等级保护"（简称等保 1.0）相比拓展了一个维度，并且着重强调了数据安全相关事宜。

7. 数据安全审计

数据安全是数字经济时代生产力要素的必要属性，持续开展数据安全审计已成为信息系统审计的重要内容。2021 年 11 月 14 日，国家互联网信息办公室就《网络数据安全管理条例（征求意见稿）》征求意见，对于数据安全、数据分级分类、数据处理者境外上市、数据出境等方面提出详细和有针对性的监管措施，并对数据处理者在数据安全方面的义务提出明确要求。

数据安全审计制度包含两大类：第一类是由独立第三方专业数据审计机构对数据处理者进行数据安全等方面的审计；第二类是来自有关监管部门的审计。后者是专门针对重要数据处理活动的审计，其重点在于审计法律履行情况，行政法规所涉义务的履行情况等。

对于由专业第三方机构进行的数据安全审计，可以让第三方机构出具数据安全审计报告并承担法定责任，由此建立起一整套社会资源对数据处理者进行例行外部监督的机制，从而实现数据安全监督的日常化、常态化。

8. 数据安全应急处置

《网络数据安全管理条例（征求意见稿）》提出，数据处理者应当建立数据安全应急处置机制，发生数据安全事件时应及时启动应急响应机制，采取措施防止危害扩大，消除安全隐患。安全事件对个人、组织造成危害的，数据处理者应当在三个工作日内将安全事件和风险情况、危害后果、已经采取的补救措施等以电话、短信、即时通信工具、电子邮件等方式通知利害关系人，无法通知的可采取公告方式告知，法律、行政法规规定可以不通知的从其规定。安全事件涉嫌犯罪的，数据处理者应当按规定向公安机关报案。

数据安全应急处置体系主要包括：

- 数据泄露事件预警监测、动态应对、高效处置能力建设。
- 数据泄露事件发生后，控制事态、降低影响、防止扩散、追踪溯源、复位的技术和手段。
- 建立整体应对机制和能力，建立和完善行业内部、政府机构、安全厂商、专业人员之间的联动机制。

8.3　数据流通咨询服务产业

数据流通过程中，需要专业化的数据资产评估、数据资产担保、数据交易合规评估、数据安全风险评估等服务的支撑，以推动数据要素市场化的快速健康发展。

1. 数据资产评估

数据资产评估行业要在数据权属、数据资产定义、数据价值标准、数据评估指导意见等规范制定过程中提供专业支持与建议，积极推动数据资产交易的规范化、专业化及市场化发展。在数据交易过程中进行独立公允的第三方数据资产价值评估服务，为交易双方提供关于数据产品价值的参考，促进数据流转，达成数据交易。

为更好地在数据资产交易、出资、融资等应用场景中为市场相关各方提供专业优质的服务，中国资产评估协会于 2022 年 6 月下发了《数据资产评估指导意见（征求意见稿）》，以规范资产评估机构及其资产评估专业人员在数据资产评估业务中的操作，更好地服务新时代经济发展和新时代生产要素市场。

《数据资产评估指导意见（征求意见稿）》旨在进一步服务我国数据资产市场，深化资本市场，优化资源配置，为数据资产的财务管理提供相应的理论支持和价值标准，为数据资产确认、计量、核算、交易贡献专业力量。同时，还可以为日益增长的数据资产评估相关业务需求提供技术支持，为资产评估行业探索高难度创新型业务提供专业支持。

2.数据资产担保

业界普遍认为，不同于传统资产，数据资产兼具无形资产与有形资产特点，又因其权属界定困难、资产难以分割、可复制性强等属性，会给传统金融风控体系带来挑战，因而基于数据资产的长期大额担保融资存在困难。

数据资产和知识产权存在可类比性，因此可借鉴知识产权成熟的质押融资模式，即权属明晰的"类知识产权"数据资产可作为质押物进行融资，这将使数据获得金融属性，数据的潜在价值也可以以金融的方式得以转移和流通。如采集企业生产、经营链上的各类数据，通过对接银行、担保机构、数据公司等多方主体，利用大数据、区块链、隐私计算等技术手段，由基于区块链的存证平台发放存证证书，将数据转变成可量化的数字资产。

以图8-2所示为例，企业将自身核心数据资产进行质押贷款，数据通过加密质押在可信数据流通平台上，平台计算数据Hash值并记录在区块链中作为凭证。一旦企业无偿还贷款能力，担保公司按数据的协议定价对银行进行赔付，以减少银行坏账率。企业还款结束时，可信数据流通平台重新计算数据的Hash值，由担保公司对比最初区块链上的记录，相符则证明数据保存无误，数据将被及时销毁，企业拿回数据所有权。

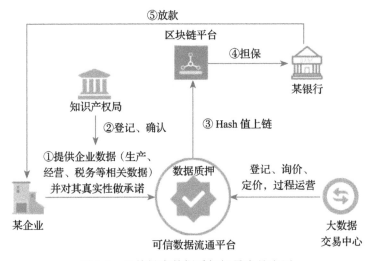

图 8-2 区块链在数据质押场景中的应用

不过，数据资产质押融资模式若要实现广泛应用，需要克服一系列初始难题：融资需求主体能否打消疑虑，愿意质押核心数据资产；相关企业数据资产由什么机构、以何种标准来评估认定价值；当前可信数据流通相关的技术仍不够成熟，数据如何确保真实可信；金融机构如何完备风控体系，接受仍存在诸多不确定性的数据质押品等。

3. 数据交易合规评估

数据作为国家基础性战略资源，是数字经济的核心和命脉。为了规范数据的生成、采集、存储、加工、分析、应用等，我国出台了多项法律法规及政策性文件，其中有关数据交易的法规体系可以概括为"1+3+N"的格局。

"1"指《民法典》。《民法典》是数据交易法规体系的基石，第一百二十七条规定"法律对数据、网络虚拟财产的保护有规定的，依照其规定"。第四编人格权编第六章隐私权和个人信息保护，对个人信息收集、存储、使用、加工、传输、提供、公开等进行了原则性规定。

"3"指《网络安全法》《数据安全法》和《个人信息保护法》，这三部法律共同构建了我国数据治理的立法框架，是数据交易在网络安全、数据安全和个人信息保护方面的进一步延伸。《数据安全法》第十九条规定"国家建立健全数据交易管理制度，规范数据交易行为，培育数据交易市场"。第三十三条规定"从事数据交易中介服务的机构提供服务，应当要求数据提供方说明数据来源，审核交易双方的身份，并留存审核、交易记录"。

"N"指一系列国家标准、部门规章和地方性法规，是数据交易合规体系的详细补充以及实操指引。2022年深圳和上海分别颁布了《深圳经济特区数据条例》和《上海市数据条例》，这两部法规是我国在数据领域综合性地方立法的"先行者"。《上海市数据条例》明确提出：本市支持数据交易服务机构有序发展，为数据交易提供数据资产、数据合规性、数据质量等第三方评估以及交易撮合、交易代理、专业咨询、数据经纪、数据交付等专业服务。数据交易所应当制订数据交易规则和其他有关业务规则，探索建立分类分层的新型数据综合交易机制，组织对数据交易进行合规性审查、登记清算、信息披露，确保数据交易公平有序、安全可控、全程可追溯。

对于数据商品化形成的数据要素市场来说，需要构建完善的数据交易合规体系，应重点考虑数据交易标的合规、数据交易场所合规、数据交易平台合规、数据交易行为合规以及数据交易安全合规。

1）数据交易标的合规。数据交易所涉及的数据标的，不仅是数据产品本身，还应包括与数据产品相关的数据服务。数据产品主要包括用于交易的原始数据和加工处理后的数据衍生产品；数据服务主要是数据供方对数据进行一系列计算、分析、可视化等处理后，为数据需方提供处理结果及基于结果的个性化服务。

2）数据交易场所合规。数据具有分散性、多样性、易复制性、时效性、再创性，这就要求数据的交易不仅要具有合规性，还应当具有安全、可信、可控、可追溯性。因此，数据应当在依法设立的数据交易机构进行交易。鉴于数据交易行为的特殊性，从事数据交易的机构的准入，应当依据《中华人民共和国行政许可法》第十二条的规定满足行政许可制度。

3）数据交易平台合规。为了保障数据交易的公信力，应当通过依法设立的数据交易平台进行数据交易，建议数据交易平台由政府牵头设立。比如《深圳经济特区数据条例》要求深圳市政府应当推动建立数据交易平台，引导市场主体通过数据交易平台进行数据交易。

4）数据交易行为合规。具体而言，包括如下几个环节的合规。

❑ 在申请环节，数据供方应明确说明交易数据的来源、内容、权属情况和使用范围，提供对交易数据的描述信息和样本，数据需方应披露需求内容、数据用途。数据交易服务机构应对数据供需双方披露的信息进行审核，督促双方依法及时、准确地披露信息。

❑ 在交易磋商环节，数据供需双方应对交易数据的用途、使用范围、交易方式和使用期限等进行协商和约定，形成交易订单。数据交易服务机构应对交易订单进行审核，确保符合相关法律、法规、规章和标准等的要求。

❑ 在交易实施环节，数据交易服务机构应与数据供方和数据需方签订三方合同，明确数据内容、数据用途、数据质量、交易方式、交易金额、交易参与方安全责任、保密条款等。如发现数据交易存在违法违规情形，数据交易服务机构应当依法采取必要的处置措施，并向有关主管部门报告。

5）数据交易安全合规。这方面重点是对数据交易机构的合规要求。数据交易机构应当设立数据安全负责人和管理机构，落实数据安全保护责任，依照

《网络安全法》《数据安全法》《个人信息保护法》等法律法规和国家标准的强制性要求，建立全流程数据交易安全管理制度，定期组织开展数据安全教育培训，采取相应的技术措施和其他必要措施，以确保数据交易安全。

数据交易机构应当对拟交易的数据建立分类制度，落实有关部门对不同类别数据提出的安全要求；对拟交易数据建立分级保护机制，根据数据的不同级别，为数据供需双方提供不同强度的安全保护技术支持。如果交易数据需向境外提供，应当依法按照国家网信办制定的数据出境安全评估办法进行安全评估。

4. 数据安全风险评估

在新时代背景下，数据安全风险评估也应具备时代特性。数据安全风险评估的发展一定是以《数据安全法》为根本出发点，以网络安全风险评估的理论框架为准绳，且风险评估的内容和指标以数据为核心对象，以发现数据安全风险为主要目的。数据安全风险评估不应该以某个标准作为基准来设置评估项，也无法固化出一个模式去开展所有工作，这主要是因为数据是一类特殊的评估对象，是具备动态性的。因流动环境的不同，数据面临的安全风险也不同。应当围绕被评估的特定数据对象所面临的威胁和脆弱性，综合开展风险评估，找出在特定威胁环境下所面临的风险。风险评估方法、理论和模式应该是多样性的，不同环境和目标应该有不同的评估方法、理论和模式。

数据安全风险评估以发现数据安全方面的大风险、大隐患为主要目的，在数据识别安全、法律遵从性、数据处理安全、支撑环境安全、特殊场景安全和数据跨境流动安全等方面开展风险评估。它的主要实现思路：对业务进行梳理，理清数据资产，确认数据资产范围及重要程度。数据识别安全的重点是进行数据资产的识别摸底工作。

- ❑ 数据识别安全评估：数据识别是数据安全评估的基础。通过对数据的识别，可以确定数据在业务系统内部的分布、数据的访问方式、当前数据访问账户和授权状态。数据识别能够有效解决运营者对数据安全状态的摸底管理工作。根据国家和行业的法律法规和标准要求，数据识别通常包括业务流程识别、数据流程识别、数据安全责任识别和数据分类分级识别。

- ❑ 法律遵从性评估：法律遵从性评估的核心在于依据国家和行业的法律法规和标准要求，重点评估运营商和其他数据处理方在有关法律法规中对数据安全的落实情况，包括个人信息保护情况、重要数据出境安全情况、网络安全审查情况、密码技术的落实情况、机构人员的法律法规贯彻情况、制度建设情况、分类分级情况、数据安全保障措施的落实情况。法律遵从性评估的目的不仅在于应对风险，还在于找出差距，推动数据安全建设合法化，完善数据安全治理体系。

❑ 数据处理安全评估：数据处理安全评估是围绕数据收集、存储、使用、加工、传输、提供、公开等环节开展的，主要针对数据处理过程中收集的规范性、存储机制的安全性、传输的安全性、加工和提供的安全性、公开的规范性等进行评估。

❑ 数据环境（包括支撑环境和特殊环境）安全评估：数据环境安全是指数据全生命周期安全的环境支持，可以在多个生命周期内复用，主要包括主机、网络、操作系统、数据库、存储介质等基础设施的安全。针对支持数据的环境进行安全评估，主要是评估通信环境安全、存储环境安全、计算环境安全、供应链安全和平台安全等。

❑ 重要数据跨境流动安全评估：重要数据出境是数据安全风险评估关注的重点场景。如果被评估对象中包括数据出境业务，则需要开展专项评估，重点评估出境数据发送方的数据出境约束力、监管情况、救济途径以及出境数据接收方的主体资格和承诺履约情况等。

第 9 章

数据流通行业相关政策、法规与标准分析

数据作为关键的生产要素，在数字经济发展过程中能够与其他生产要素不断交叉融合，加速迭代组合，引发生产要素跨领域、跨维度、系统性、革命性的突破。一方面，随着数字技术与国民经济各领域的融合应用不断深化，数据的产量、市场规模不断增长；另一方面，数据要素市场发展的政策环境、相关标准、法制环境、技术支撑也在随之不断优化完善。

9.1　数据流通政策解读

全球进入数字经济时代，数据作为重要的生产要素之一，在构建新型发展格局、实现高质量发展方面的重要支撑作用不断凸显。数据关系到国家发展的未来。数据随意滥用的时代已经过去，聚合海量数据强化高质量供给、培养数据要素市场、促进数据流通交易、探索数据开发利用机制成为当下各国、各界的战略重点。世界各国纷纷出台法案政策，在前沿技术研发、数据交易流通、数据安全治理、数据人才培养等方面作出战略性布局，力争打造竞争新优势，在数字经济、数据治理方面抢占先机。

9.1.1 美国数据流通政策

美国国内拥有发达的信息产业和庞大的数字经济体量，依托先天条件和优势，直接促进数据的流通和交易市场的发展。

在数据跨境保护方面，美国早在 20 世纪初就与欧洲签署《个人信息跨国流通安全港协议》，该协议后因 Facebook（现已更名为 Meta）隐私保护诉讼案宣布无效，后又重新制定了数据传输协议《隐私盾协议》，但该协议在 2020 年也被裁定为无效。2018 年美国国会发布 CLOUD 法案，对国外机构调取美国国内数据和美国国内机构调取国外数据提供了合法性依据。加州、华盛顿州、弗吉尼亚州、科罗拉多州等陆续发布地方性隐私法案，赋予消费者对个人信息的控制权，规范了企业收集、使用、转让消费者个人信息的行为。

政务数据方面，美国政府在 2009 年发布《开放政府指令》，建立了政府数据服务平台。平台对美国各界的数据进行整合并发布，技术开发商可对平台中的数据进行加工。通过该平台，美国不仅建立了统一的政务数据开放机制，还为发展多元数据交易模式、探索数据安全与产业利益平衡点提供了渠道。

数字战略方面，自 2019 年起，美国先后发布《联邦数据战略与 2020 年行动计划》和《数字合作战略（2020—2024）》。前者确立了数据共享、数据安全、数据使用 3 类 40 余项具体的数据管理实践；后者宣称对外援助发展中国家数字发展，实际上则是强调对外渗透美国数字思维和数字发展理念，以影响其他国家的数字发展规划布局。

2020 年与民主党有着密切联系的布鲁金斯学会发布的《美国对华政策的未来——对拜登政府的建议》，在数据安全领域的报告中提到"中美数据领域相互依赖的现状给跨境数据流动、数据隐私和数据安全带来一系列挑战"。美国一直致力于数据跨境流动政策，当前美国数据交易模式多种多样，数据要素市场政策相对开放。

9.1.2 欧洲数据流通政策

本节主要介绍欧盟和英国在数据流通方面的政策。

1. 欧盟

受历史和文化传统的影响，欧洲是世界上对隐私保护最为严格的地区之一。

一直以来，欧盟重视数据安全体系化工作部署，并最先进行了各类举措和布局。2019 年欧盟通过的《开放数据指令》旨在推进欧洲地区可重用数据的跨境使用。2020 年 6 月 30 日，欧洲数据保护监管局（EDPS）发布《欧洲数据保护监管局战略计划（2020—2024）：塑造更安全的数字未来》（*EDPS Strategy 2020-2024*：*Shaping a Safer Digital Future*），旨在塑造一个更安全、更公平、更可持续的数字欧洲。战略指出，欧盟将积极关注数据处理实践和技术发展，提出数据保护措施，整合数据保护网络。2022 年 2 月欧盟公布《关于公平获取和使用数据的统一规则（草案）》，确保在数据经济的行为者之间能够公平分配数据的价值，并促进对数据的访问和使用。该草案的公布意味着欧盟在促进数据要素的公平化发展方面走在前列。

欧盟以立法先行的方式，通过制定领先的数据治理规则推动数据要素市场的建立和发展。在探索数据流通模式方面，欧盟沿用了工业经济时代的知识产权保护的做法，但目前看来，这种做法无法应对数字经济时代数据流通中出现的很多问题。

2. 英国

2020 年 3 月，英国政府成立数据标准管理局和政府数据质量中心，并开发政府跨部门数据综合平台。同年 9 月，英国政府发布《国家数据战略》，该战略阐述了数据有效利用的核心支柱以及政府的优先行动领域，通过搭建国家层面的数据安全治理方案，为建设促进增长和可信赖的数据机制提供指导方向，保障国家安全。

9.1.3　亚洲数据流通政策

本节主要介绍除中国外主要亚洲国家在数据流通方面的政策。

1. 日本

日本通过数据交易平台和数据银行连接起政府、数据流通运营商、国内外企业等，并构建数据流通市场。2016 年日本政府就提出要促进数据流通，构建超智能社会 5.0 的目标。日本的数据安全治理实践主要围绕安全人才培养、寻求国际安全合作展开。2017 年日本发布《网络安全人力资源开发计划》，以求促进网络安全高技术人才的培养。此外，日本一直在积极谋求国际层面的网络安全合作，与美国、欧盟、英国、法国以及东盟国家开展对话合作，签署网络安全领域的项目。2019 年日本与欧盟达成《欧盟日本数据共享协议》，使得日本和欧洲的很多企业都能采集到更多数据资源，从而促进数据跨境流动。2021 年日本成立了日本数字厅，从国家层面对数据交易进行管理，全面推进日本的数字化改革。

2. 新加坡

新加坡通过实施"智慧国家"（Smart Nation）战略来推动其国内信息基础设施的现代化发展，扩大电信业的投资与推动数据中心的建设，建立完善的个人信息保护制度和相应的监管框架。监管体系建设的工作重点包括设置主管部门、划分责任边界、设定跨境流动条件、开展国际协调、明确基础设施要求等。构建完善、系统的数据跨境流动管理规则，有助于实现全球数据向新加坡汇聚和流动，进而将新加坡打造成为数据融合的重要中心节点。

3. 印度

《印度电子商务框架草案》明确一系列的数据本地化存储的豁免情况，如其中指出，初创企业的数据流动、跨国企业内部数据流动、基于合同进行的数据流动等不会要求数据本地化存储。印度并不想实施严格的数据保护措施，但是又做不到放任数据自由流动。他们想要融入全球数字经济发展格局，又想保护个人信息安全和国家安全。印度正在探索适应本国国情的中间化道路。

9.1.4 中国数据流通政策

我国数据交易政策的部署和交易模式的创新处在世界靠前的位置。2020 年4 月，中共中央、国务院发布《中共中央 国务院关于构建更加完善的要素市场化配置体制机制的意见》，其中强调要加快培育数据要素市场，这也为推进数据要素市场化改革指明了方向。同年 11 月发布的《中共中央关于制定国民经济和社会发展第十四个五年规划和二〇三五年远景目标的建议》中对数据资源开发利用、要素市场培育发展提出了新的战略要求，提出建立数据资源产权、交易流通、跨境传输和安全保护等基础制度和标准规范。

各省市政府积极响应国家政策，纷纷出台一系列政策条例。北京、上海、江苏、广东等地纷纷成立大数据交易中心，积极推进数据交易，规范数据交易行为，探索数据交易新机制。2022 年 1 月，国务院印发《"十四五"数字经济发展规划》，对充分发挥数据作用作出重点部署，提出要强化高质量数据供给，加快数据要素市场化流通，创新数据开发利用机制。2022 年 4 月发布的《中共中央　国务院关于加快建设全国统一大市场的意见》中提到加快培育统一的技术和数据市场，加快培育数据要素市场，建立健全数据安全、权利保护、跨境传输管理、交易流通、开放共享、安全认证等基础制度和标准规范，深入开展数据资源调查，推动数据资源开发利用。

由此可见，自世界进入数字经济时代以来，数据流通行业在政策制定方面不断完善，这也侧面体现出数据作为生产要素，对于推动全球经济增长具有极高的重要性。但是当前阶段，各国对基于数据要素建立的新经济发展模式的探索仍处于初级阶段。

9.2　数据流通法律法规解读

9.2.1　美国数据流通法律法规

美国对外宣称支持国内数据的自由流动，但对于特殊行业的敏感数据却制定了严格的出境管控措施。随着数据经济的发展和经济全球化扩张，在国际贸易中数据流通越来越频繁，美国在双边和多边国际贸易协定中，一直强调促进数据的自由流动、反对数据本地化存储，但是却要求国外企业将交易数据、通信数据和用户数据存储在美国境内，通信基础设施也要部署在美国境内。除此之外，美国还将个人数据视为国家安全的重要组成要素，并将涉及个人数据的传输、交易纳入外资安全审查范围。

美国各州政府对于在美国境内的数据流通均制定了相关的法律进行严格把控，这些法律不仅适用于美国本土的企业和政府单位，也适用于非本国企业。

2017 年美国联邦政府通过《电子邮件隐私法案》，澄清和扩大执法的搜查令条例，以迫使服务商交付其服务器上的客户电子邮件或其他数据。2018 年 3 月 23 日，美国联邦政府通过 CLOUD 法案，对数据管辖权进行了扩张，只要被美国法院认为"与美国有足够联系且受美国管辖"的企业，均适用于上述规定。

2017 年特朗普签署《2018 年外国投资风险审查现代化》，以应对敏感数据泄露对国家安全的威胁。

2019 年 11 月 18 日，美国政府提出《国家安全和个人数据保护法案 2019（提案）》，以保护美国国家安全的名义阻止美国数据流入中国及相关国家，对境内数据的跨境传输和流通设置更多限制，尤其是被美国列为"特别关注国家"的相关企业。

美国除了对境内数据出境进行严格限制之外，对个人隐私数据也加大了安全保障力度。2019 年纽约州政府通过《身份盗窃保护与缓解服务法》，扩大了《纽约数据泄露报告法》涵盖的个人信息类型，要求企业实施具体的数据安全保障措施，并规定了相关机构对受影响的个人提供预防与补救措施。

2019 年 12 月，美国政府提出《数据保护法案（提案）》，以求从联邦政府层面解决美国隐私问题。其中不仅明确了个人信息的范围，还明确了在线供应商应承担的责任与义务。

2020 年 1 月 1 日加州政府通过《加州消费者隐私法》，对消费者隐私权利进行了更强的保护。

2021 年 3 月，美国联邦政府提出《信息透明度和个人数据控制法案（提案）》，旨在为消费者个人信息保护设定一个统一的联邦标准，并在国际上形成示范效应，推动全球个人信息保护制度的完善。

2022 年 1 月 13 日，美国联邦政府提出《服务条款标签、设计和可读性法案》，旨在提高数据的在线透明度，确保消费者了解个人数据的收集和使用情况。

9.2.2 欧洲数据流通法律法规

本节主要介绍欧盟和英国在数据流通方面的法规。

1. 欧盟

欧盟制定了一系列与个人隐私保护相关的法律法规，如 GDPR。对于个人数据，欧盟规定只能传输到欧盟认可的国家或地区。不在欧盟认可名单内的国家或地区的企业必须遵守欧盟委员会批准的"标准数据保护条款"或制定的"有约束力的公司规则"，获得认证后才能开展数据跨境传输。同时，欧盟的数据立法工作长期引领国际数据跨境流动的发展方向。欧盟不断加强其数据法规的国际影响力，很大程度上实现了"欧盟标准"向"国际规则"的转换。

2022 年 2 月 23 日，欧盟委员会正式公布数据治理相关的法案——《数据法案》（Data Act）草案（以下简称《数据法案》），其中涉及数据共享、公共机构访问、国际数据传输、云转换和互操作性等方面的规定，这将确保数字环境的公平性，刺激竞争激烈的数据市场，为数据创新驱动提供机会。《数据法案》的监管对象主要为互联网产品的制造商、数字服务提供商和用户等。按照欧盟立法设计，《数据法案》旨在为非个人数据的利用提供依据，涵盖各种智能设备、自动化生产线、自动驾驶汽车等产生的数据，提供公平的访问和共享框架。综合采用欧盟《数据法案》中提及的"一体双标"的各项立法举措，有助于释放符合欧盟数据治理规则和价值观的数字经济潜力。但是，因为其中可能产生过度监管和合规成本快速增长等问题，所以也会造成压制科技公司的创新意愿和业务成长的风险。

2. 英国

英国在脱离欧盟之前也适用 GDPR，但是英国国会已经通过了《2018 数据保护法案》，用于替代《1988 数据保护法案》并对 GDPR 进行具有英国特色的细节补充。

英国脱欧过渡期于 2020 年底结束，GDPR 不再适用于英国，英国信息专员办公室最近发布新的标准化条款工具包：一是《国际数据传输协议》(IDTA)，该协议可以作为一个独立的协议来执行，通过配合主要的商业合同来确保数据传输符合英国的数据保护法；二是《欧盟 2021 年标准合同条款的附录》(英国附录)。2022 年 3 月 21 日起，IDTA 和《欧盟 2021 年标准合同条款的附录》(英国附录) 正式生效。

英国脱欧后，不断制定新的有关数据保护的政策与法律，2021 年 1 月 1 日通过的《英国通用数据保护条例》(UK GDPR) 将成为新的保护英国公民个人数据权利的法规，该法规适用于以下场景：在进行数据处理的有关活动时，无论数据处理是否发生在非欧盟成员国家或地区都适用本条例；数据处理的个人数据与在英国的数据主体有关；数据处理活动与在英国提供的商品或服务有关。

《英国通用数据保护条例》与原来的 GDPR 相比有以下几点变化：数据处理通知需要数据控制者付费；对第三方转移个人数据增加了限制；与信息社会服务相关的许可年龄从 16 岁变为 13 岁；禁止处理特殊类别的个人数据，除非该数据处理在本法列出的例外范围内。

2022 年 1 月 25 日，英国政府发布《国家网络安全战略》，对英国政府如何确保公共部门有效应对网络威胁进行了阐释，并描绘了战略远景。

9.2.3 亚洲数据流通法律法规

本节主要解读除中国外主要亚洲国家在数据流通方面的法规。

1. 日本

日本对于个人信息的跨境流动管理十分严格，不仅制定了相关法律，还设置了相关机构进行监管。同时为了促进贸易合作伙伴之间的数据自由流动，与其他国家签订了相关的协定。对于发展过程中产生的新数据和新问题，日本会对相关的法律法规进行修订，以确保相关数据保护制度的完备性。

2015 年，日本修订了《个人信息保护法》，修订后该法规强化了关于数据跨境流动的细则条款，其中包括要求设立个人信息保护委员会，该委员会作为数据跨境流通的监管机构，负责制定数据出境的规则和指南；当个人将境内数据向外传输时，需要得到数据主体的授权。与此同时，日本在《全面与进步跨太平洋伙伴关系协定》(CPTPP)、《日欧经济伙伴关系协定》(EPA)、《区域全面经济伙伴关系协定》(RCEP)、中日韩 FTA、日英 FTA 等多边和双边国际贸易协定中增加了关于跨境数据流动的规则，以推动与其他国家和地区之间的数据自由流动。

2020 年，日本再次修订《个人信息保护法》，对各方权利义务问题进行了全面修订，当个人权益或正当权益可能受到侵害时，个人拥有主张停用、删除等请求权。同时也加强了个人信息处理者的责任与义务，增加了违规处理个人信息的成本。除此之外，该修正案细化了信息处理方式，区分了"匿名加工信息"和"去标识化信息"，前者具有无法识别特定个人且无法复原的特点，而后者可以通过与其他信息对照来识别特定个人。

2021 年日本对《个人信息保护法》再次进行修订，核心内容是将《个人信息保护法》《行政机关保有的个人信息保护法》和《独立行政法人等保有的个人信息保护法》整合到一部法律中，以求实现个人信息保护法在公法和私法之间的统一。这一法规在医疗和学术领域将和私法适用相同的规则。

2. 新加坡

新加坡通过建立个人数据保护制度和完善相应的监管体系来保护个人数据，并建立了数据跨境流动管理的制度框架以实现跨境数据的管理。

2012 年 10 月 15 日，新加坡国会通过《个人数据保护法》（PDPA），并于

2014 年全面实施。PDPA 通过加强对机构的问责来增强用户的信任，并新增了基于通知的推定同意规则，对数据进行处理时需通知个人数据使用目的并授予个人拒绝权。为确保该法的有效执行，新加坡建立了一套纠纷解决机制来处理个人投诉，并加大了对机构的处罚力度。2013 年 1 月 2 日，新加坡颁布 PDPA 的附属条例《个人数据保护条例》（PDPR）及其实施细则，该条例与 PDPA 共同构成了新加坡数据管理体系的法律框架，在该法律体系下，个人数据的内涵和边界的划定、个人数据保护的责任设置都有了明确的规定。

除了对个人信息的保护之外，新加坡还建立了完善的数据跨境流动监管体系，主要包括主管部门的设置、责任边界的划分、跨境流动条件的设定、国际协调的参与以及基础设施的设置。监管主要包括事前监管和事后监管两个阶段，事前监管主要通过指定规则来实现，事后监管主要根据投诉和诉讼进行。

3. 印度

印度正在探索适应本国国情的中间化道路。对于个人数据，该国也出台了相关的保护法案，并对其中的项目条款做了明确的规定。只要符合相关规定，数据流通不再限于境内，这较其他国家的规定更为宽松。

2018 年 7 月 27 日，印度高级别专门委员会正式发布了《2018 年个人数据保护法案（草案）》（PDPB），并于 2019 年 12 月 11 日对该草案进行了修订，发布了《2019 年个人数据保护法案（送审稿）》，并提交国会进行审议。该法案主要包括适用范围、排除适用规则、重点术语定义、与个人信息安全保障相关的数据控制者的义务、数据主体的权利、数据安全使用保障措施、数据跨境输出、数据保护监管机关、救济与罚则等内容。该法案不仅适用于在印度境内收集、披露、分享或以其他方式进行处理的数据，还适用于不在印度境内但满足以下行为的数据：与在印度经营的业务相关，或与向印度境内的数据主体提供商品或服务的活动相关；与对印度境内数据主体的画像活动相关。可以将法案中的数据受托人理解为数据控制者。

9.2.4 中国数据流通法律法规

中国对于数据流通的规定主要体现在两个方面。一方面，对数据流通有严格的限制，制定了一系列相关的制度和标准。另一方面，将数据的保护和利用结合起来，促进数据价值利用。对于数据保护，强调总体国家安全观，以安全为指导原则进行管理。在这个基础上，对数据进行合理开发与应用。

2021 年 6 月 1 日颁布的《数据安全法》对数据采取的治理逻辑为保护加利用。一方面，基于国家安全战略对数据的审查、评估、管理等制定了严格的政策与措施。另一方面，为数据的要素化、充分挖掘数据的巨大潜能提供了重要的制度保障。这是整个数据行业的基本法，级别超过了《网络安全法》，更加强调总体国家安全观。它以数据为核心，对信息社会、数据时代起基础性支持作用。该法案以安全为基础和起点，终极目标是将数据作为生产要素，以加速其流通。

2021 年 11 月 1 日生效的《个人信息保护法》是继《民法典》将个人信息作为一项重要民事权利予以保护后的首部细化规则，具有更强的针对性和可操作性。对将告知 – 同意确立为个人信息保护核心规则、强调禁止大数据杀熟、对个人敏感信息采取严格保护措施、强化个人信息处理者的义务这四个重点方面进行规定，从而做到对个人数据进行全方位保护。

9.3 数据流通标准解读

9.3.1 国际数据流通标准

近年来，国际上相继出台了与数据安全流通技术及数据应用相关的标准。这些国际标准主要侧重于同态加密、秘密分享、多方安全计算、隐私计算等基础技术。

在 ISO/IEC JTC1 SC27 中，从 2019 年开始启动隐私计算相关标准的制定。目前已发布同态加密、秘密分享的国际标准，多方安全计算的国际标准也即将制定完成，我国牵头的零知识证明的国际标准刚立项（截至本书完稿时）。

在 IEEE 中，从 2020 年开始，我国主导制定隐私计算相关的国际标准。目前已发布共享学习、多方安全计算、安全计算、联邦学习等方面的国际标准，正在制定隐私计算一体机、隐私计算互联互通、隐私计算安全要求、联邦学习安全要求等方面的国际标准。

在 ITU-T 中，从 2020 年开始，我国在 SG16、SG17 中主导制定隐私计算相关的国际标准，目前已发布共享学习、多方安全计算相关的国际标准。目前，也有一些隐私计算应用类的国际标准在陆续立项过程中。

　　整体来看，从 2021 年开始，数据安全流通的国际标准具备面向安全层面、互联互通层面、应用层面的发展趋势。

　　2019 年，ISO/IEC JTC1 SC27 开始制定数据流通相关的国际标准，具体如表 9-1 所示。

表 9-1　数据流通相关的国际标准

标准编号	标准名称	标准进展
ISO/IEC 4922	*Information technology–Secure Multi-Party Computation*（信息技术—安全多方计算）	CD 阶段
ISO/IEC 19592-1	*Information technology–Security techniques–Secret sharing*（信息技术—安全技术—秘密共享）	已发布
ISO/IEC 18033-6	*Information technology–Security techniques–Part 6: Homomorphic encryption*（信息技术—安全技术　第 6 部分 同态加密）	已发布
ISO/IEC 18033-8	*Information technology–Security techniques–Part 8: Fully homomorphic encryption*（信息技术—安全技术 第 8 部分 全同态加密）	已立项
ISO/IEC 27565	*Guidance on privacy preservation based on zero knowledge proofs*（基于零知识证明的隐私保护指引）	已立项

　　IEEE 中数据流通相关的标准项目如表 9-2 所示。

表 9-2　IEEE 的数据流通相关标准项目

项目编号	项目名称	当前状态
P2830	*Standard for Technical Framework and Requirements of TEE-based Shared Machine Learning*（基于 TEE 的共享机器学习技术框架与需求标准）	2021 年发布
P2842	*Recommended Practice for Secure Multi-Party Computation*（安全多方计算的推荐实践）	2021 年发布
P2952	*Standard for Secure Computing Based on Trusted Execution Environment*（基于可信执行环境的安全计算标准）	2021 年发布
P3652.1	*Guide for Architectural Framework and Application of Federated Machine Learning*（联邦学习架构框架与应用指南）	2021 年发布
P3156	*Standard for Requirements of Privacy-Preserving Computation Integrated Platforms*（隐私保护计算集成平台需求标准）	2022 年立项
P2986	*Recommended Practice for Privacy and Security for Federated Machine Learning*（联邦学习的隐私与安全推荐实践）	2020 年立项
P3117	*Standard for Interworking Framework for Privacy-Preserving Computation*（隐私保护计算互通框架标准）	2021 年立项
IEEE P3169	*Standard for Security Requirements of Privacy-preserving Computation*（隐私保护计算安全需求标准）	2022 年立项

ITU-T 中数据流通相关的标准项目如表 9-3 所示。

表 9-3　ITU-T 的数据流通相关标准项目

项目编号	项目名称	项目状态
ITU-T F.748.13	*Technical Framework for Shared Machine Learning System*（共享机器学习系统的技术框架）	已发布
ITU-T X.1770	*Technical Guidelines for Secure Multi-Party Computation*（安全多方计算技术指引）	已发布

9.3.2　国内数据流通标准

国家标准中，数据安全流通主要关注数据安全方面。已发布的国家标准涵盖了数据管理能力评估、数据交易服务安全、数据安全能力评估、数据安全管理等方面。目前国家标准中还缺乏隐私计算相关的内容，但是关于联邦学习、隐私保护机器学习、机密计算等方面的国家标准正在立项流程中，后续有望加速推进。

在电信与互联网领域的行业标准方面，中国通信标准化协会（CCSA）从 2020 年开始制定了多项隐私计算方面的行业标准，包括联邦学习、多方安全计算、可信执行环境、隐私计算一体机、隐私计算互联互通等。后续还将制定隐私计算在金融领域、互联网领域、教育领域等的行业标准。

在金融领域的行业标准方面，全国金融标准化技术委员会（金标委）于 2019 年启动了多方安全计算的行业标准制定工作，并于 2020 年正式发布。目前已立项联邦学习的行业标准，标准草案正在制定中。

可信执行环境还在团体标准孵化的流程中，行业标准还有待后续推进。金融领域中隐私计算应用实施指南类的行业标准还处于缺乏状态，后续需要加快制定。

在团体标准方面，CCSA TC601 大数据标准化推进委员会隐私计算联盟是制定隐私计算团体标准的主要阵地，已发布联邦学习、多方安全计算、可信执行环境、隐私计算一体机、隐私计算金融应用规范等多项团体标准。这些团体标准也在 CCSA 同步推进为行业标准。

数据流通相关的国家标准主要由全国信息安全标准化技术委员会（简称信安标委）发布，如表 9-4 所示（截至本书完稿时）。

表 9-4 国家标准

标准名称	当前状态
GB/T 36073—2018《数据管理能力成熟度评估模型》	已发布
GB/T 37932—2019《信息安全技术 数据交易服务安全要求》	已发布
GB/T 37988—2019《信息安全技术 数据安全能力成熟度模型》	已发布
GB/T 37973—2019《信息安全技术 大数据安全管理指南》	已发布

CCSA 发布的行业标准如表 9-5 所示（截至本书完稿时）。

表 9-5 CCSA 发布的行业标准

标准名称	当前状态
《大数据 数据安全服务能力分级要求》	在研
《多方数据共享服务数据安全技术实施指南》	在研
《网络环境下应用数据流通安全要求》	在研
《隐私保护场景下多方安全计算技术指南》	报批稿
《基于可信执行环境的安全计算系统技术框架》	报批稿
《互联网广告 隐私计算平台技术要求》	征求意见稿
《隐私计算 跨平台互联互通》系列标准	征求意见稿
《隐私计算 产品安全要求和测试方法》系列标准	征求意见稿
《隐私计算 产品功能要求和测试方法》系列标准	征求意见稿
《隐私计算 产品性能要求和测试方法》系列标准	征求意见稿
《隐私计算应用一体机技术要求》	征求意见稿
《区块链辅助的隐私计算技术工具 评估要求与测试方法》	征求意见稿
《隐私计算应用 面向金融场景的应用规范》	征求意见稿
《隐私计算应用 面向通信场景的应用规范》	征求意见稿
《可信数据服务 可信数据流通平台评估要求》	在研
《面向多方数据流通的贡献度评估的安全技术指南》	在研
《网络环境下应用数据流通安全要求》	在研

金标委发布的行业标准如表 9-6 所示（截至本书完稿时）。

表 9-6 金标委发布的行业标准

标准名称	当前状态
《多方安全计算金融应用技术规范》	已发布
《联邦学习金融应用技术规范》	已立项

CCSA TC601 大数据标准化推进委员会隐私计算联盟发布的隐私计算相关的团体标准如表 9-7 所示（截至本书完稿时）。

表 9-7 隐私计算相关的团体标准

标准名称	当前状态
《基于多方安全计算的数据流通产品 技术要求与测试方法》	已发布
《基于联邦学习的数据流通产品 技术要求与测试方法》	已发布
《基于可信执行环境的数据流通产品 技术要求与测试方法》	已发布
《隐私计算 多方安全计算 / 联邦学习 / 可信执行环境 产品功能 / 性能 / 安全 要求和测试方法》系列标准	已发布
《隐私计算应用一体机技术要求》	已发布
《隐私计算 金融应用技术规范与测试方法》	已发布

9.4 数据流通合规

9.4.1 数据处理合规

本节重点解读与数据处理相关的国家或者行业标准。

1.《信息安全技术 大数据服务安全能力要求》

GB/T 35274—2017《信息安全技术 大数据服务安全能力要求》针对我国大数据产品发展需求和大数据服务面临的安全问题，结合国内主要互联网企业和测评机构在大数据服务安全方面的实践基础，对有组织、有数据和有大数据系统的大数据服务提供商的大数据服务安全能力提出要求。该标准落实了《网络安全法》中关于大数据安全保护的相关要求，并为其落地实施提供了标准化支撑。

2.《数据管理能力成熟度评估模型》

GB/T 36073—2018《数据管理能力成熟度评估模型》（简称 DCMM）是一个数据管理能力现状评估标准，用于全面诊断企业的数据管理能力，提出企业在数据管理方面存在的差距、改进方向及提升建议。同时，它也可以作为针对企业信息系统建设状况进行指导、监督和检查的依据。DCMM 分为 8 个能力域，包括 1 个战略引领（数据战略）、1 个保障机制（数据治理）、4 个应用环境建设（数据架构、数据标准、数据生命周期、数据应用）以及 2 个日常运营（数据质量、数据安全）。

DCMM 将组织内部数据能力划分为数据战略、数据治理、数据架构、数据标准、数据质量、数据安全、数据应用以及数据生命周期 8 个重要组成部分，并描述了每个组成部分的定义、功能、目标和标准。

DCMM 适用于信息系统的建设单位、应用单位等进行数据管理时完成规划、设计和评估等工作。该标准旨在帮助企业利用先进的数据管理理念和方法，建立和评价自身数据管理能力，持续完善数据管理组织、程序和制度，充分发挥数据在促进企业向信息化、数字化、智能化方面发展时的价值。

在数据安全流通的全生命周期中，由于生产要素的重要性和安全性要求，更需要数据的提供方和需求方具备一定的数据管理能力。只有这样，才能保障数据流通的安全性不会在终端节点失效。

3.《信息安全技术 数据交易服务安全要求》

GB/T 37932—2019《信息安全技术 数据交易服务安全要求》提出了数据交易服务的参考框架和安全原则，将交易参与方分为数据供方、数据需方及数据交易服务机构，规定了各交易参与方的安全要求；从禁止交易数据、数据质量要求、个人信息安全保护及重要数据安全保护 4 个方面提出了交易对象的安全要求；将交易过程定义为交易申请、交易磋商、交易实施、交易结束 4 个阶段，并规定了数据交易过程各阶段的安全要求。

4.《信息安全技术 大数据安全管理指南》

GB/T 37973—2019《信息安全技术 大数据安全管理指南》首先提出了大数据安全管理基本概念，明确了大数据安全管理的基本原则（包括职责明确、合规、质量保障、数据最小化、责任不随数据转移、最小授权、确保安全和可审计，这些原则是组织实施大数据安全管理的基本原则），提出了大数据安全需求（包括保密性、完整性、可用性及其他需求）；其次介绍了数据分类分级的原则、流程及方法，从组织开展大数据安全管理活动的角度定义了数据采集、数据存储、数据处理、数据分发、数据删除等活动，描述了每个活动的基本概念以及常见的子活动，并针对每个子活动提出了安全要求；最后给出了指导组织评估大数据安全风险的方法。

5.《信息安全技术 数据安全能力成熟度模型》

GB/T 37988—2019《信息安全技术 数据安全能力成熟度模型》给出了组织机构数据安全能力的成熟度模型。该模型分为数据安全过程、安全能力及能力成熟度等级 3 个维度，重点强调对组织机构的数据安全能力成熟度的评判。模型以数据为中心，在数据安全过程维度，将数据生命周期分为数据采集、数据传输、数据处理、数据交换、数据销毁 5 个阶段，每个阶段划分为若干个不同的安全过程域。同时，与各阶段都相关的过程用通用安全过程域表示。对于每一个过程域，从安全能力维度（即组织建设、制度流程、技术工具、人员能力）分别提出各成熟度等级要求，同时给出组织数据安全能力成熟度等级的评估方法。

6.《信息安全技术 政务信息共享 数据安全技术要求》

GB/T 39477—2020《信息安全技术 政务信息共享 数据安全技术要求》的制定和发布，为政务数据在应用方面的安全保护提供借鉴，也为政务数据治理体系建设和政务大数据安全应用提供指导，对动态流转场景下的政务数据应用具有指引性。

本标准充分调研和梳理了政务信息共享的流程，抽取了其中的共性；分析了政务信息流转的过程及面临的安全风险，梳理了安全控制点；总结了现有各种数据安全技术应对政务信息共享过程中所面临的数据风险的能力；提出了政务信息共享安全技术要求框架；规定了政务信息共享过程中准备、交换、使用阶段的安全技术要求以及相关基础设施的安全技术要求。

7.《信息安全技术 健康医疗数据安全指南》

健康医疗数据不同于其他个人数据，其行业特征明显、敏感度高、质量要求高、互联互通需求较大且目前来看治理能力偏低，所以 GB/T 39725—2020《信息安全技术 健康医疗数据安全指南》的出台为医疗行业开展合规治理建设敲响了警钟。《信息安全技术 健康医疗数据安全指南》对数据使用和披露过程中的合法合规问题提出了若干管理和技术保障措施，可见其对保护健康医疗数据、个人信息安全、公共利益和国家安全等都起到了一定的积极作用，有着不可否认的现实意义。

8.《金融数据安全 数据安全分级指南》

JR/T 0197—2020《金融数据安全 数据安全分级指南》给出了金融数据安全分级的目标、原则和范围，明确了数据安全定级的要素、规则和过程，并给出了金融业机构典型数据定级规则实践参考，适用于金融业机构开展数据安全分级工作，以及第三方评估机构等参考开展数据安全检查与评估工作。

此外，该标准还规定了金融行业的数据 CIA 特性遭到破坏后的影响程度，从低到高依次为无损害、轻微损害、一般损害、严重损害，具体如表 9-8 所示。

表 9-8　影响程度说明

影响程度	参考说明
严重损害	1. 可能导致危及国家安全的重大事件，发生危害国家利益或造成重大损失的情况 2. 可能导致严重危害社会秩序和公共利益，引发公众广泛诉讼等事件，或者导致金融市场秩序遭到严重破坏等情况 3. 可能导致金融业机构遭到监管部门严重处罚，或者影响重要 / 关键业务无法正常开展的情况 4. 可能导致重大个人信息安全风险、侵犯个人隐私等严重危害个人权益的事件
一般损害	1. 可能导致危害社会秩序和公共利益的事件，引发区域性集体诉讼事件，或者导致金融市场秩序遭到破坏等情况 2. 可能导致金融业机构遭到监管部门处罚，或者影响部分业务无法正常开展的情况 3. 可能导致一定规模的个人信息泄露、滥用等安全风险，或对个人权益可能造成一定影响的事件
轻微损害	1. 可能导致个别诉论事件，使金融业机构经济利益、声誉等轻微受损 2. 可能导致金融业机构部分业务出现临时性中断等情况 3. 可能导致超出个人客户授权加工、处理、使用数据等情况，对个人权益造成部分或潜在影响
无损害	对企业合法权益和个人隐私等不造成影响，或仅造成微弱影响但不会影响国家安全、公众权益、金融市场秩序或者金融业机构各项业务正常开展

严重损害最明显的特点就是可能会危及国家安全，对国家利益造成重大损失，对社会秩序、公众利益造成严重损失，造成重大安全事件，可能导致相关主体遭受严重破坏或受到重大处罚。

9.《金融业数据能力建设指引》

JR/T 0218—2021《金融业数据能力建设指引》明确了金融业数据工作的基本原则，从数据战略、数据治理、数据架构、数据规范、数据保护、数据质量、数据应用、数据生命周期管理等方面划分了 8 个能力域和 29 个对应能力项，提出了每个能力项的建设目标和思路，为金融机构开展数据工作提供全面指导。

该标准明确金融业数据能力建设应该遵循的用户授权、安全合规、分类施策、最小够用、可用不可见五大基本原则。用户授权要求明确告知用户数据采集和使用的目的、方式以及范围，确保用户充分知情。只有用户自愿授权后方可采集并使用对应的数据，严格保障用户知情权和自主选择权。

在数据采集和使用方面，该标准要求确保数据专事专用、最小够用，杜绝过度采集、误用、滥用数据，切实保障数据主体的数据所有权和使用权。该标准提出要遵循国家法律法规、管理制度，符合国家及金融行业标准规范，并建立健全数据安全管理长效机制和防护措施，严控访问权限，严防数据泄露、篡改、损毁和不当使用，依法依规保护数据主体的隐私权。

在数据共享方面，该标准要求建立数据规范共享机制，在保障原始数据可用不可见的前提下，规范开展数据共享与融合应用，保证跨行业、跨机构的数据使用合规、范围可控，达到可用不可见，有效保护数据隐私安全，确保数据所有权不因共享应用而发生让渡。

9.4.2　技术方案合规

在数据流通过程中，技术服务方提供的隐私计算技术方案需要获得数据安全管理认证，其中包含技术验证、现场审核和获证后监督。

技术服务方需要提交认证委托资料，技术验证机构需要对实施技术进行验证，其中包含验证流通交易业务一致性、可还原性核验、自动化决策完善性核验、结合风险[⊖]评估核验。

- ❑ 验证流通交易业务一致性：指在实验环境下使用"样本数据+流通隐私计算平台"获取计算结果，并将该结果与先前预制的理论公式计算结果进行比对，以验证技术方案在流通交易业务中保持一致性的能力。

- ❑ 可还原性核验：通过理论计算公式、实验计算结果反推等方式进行 AI 训练，查询数据流通过程中隐私计算技术方案是否存在数据可还原的风险，以完成合规判定。

- ❑ 自动化决策完善性核验：核验自动化决策中是否存在违背法律、道德的情况，在实验环境下通过代入多组实验样本，检验输出的结果是否存在"信息茧房"、恶意歧视、隐私泄露等风险，以完成合规化检验。

- ❑ 结合风险评估核验：分析样本和实验结果的敏感性，并与设定的敏感信息库进行对比，分析是否存在结合结果敏感性更高的风险。技术验证机构完成技术验证后要向认证机构和认证委托人出具技术验证报告。

⊖ 即本来是不敏感的数据，但是结合到一起后变成敏感数据的风险。比如，一个数据集是一群人的出行时间记录，另一个数据集是地点信息，两个数据集结合到一起就可能确定重要人员的行动轨迹。

9.4.3 产出结果合规

数据流通的产出结果安全性与技术实现紧密相关，部分数据流通方法存在根据产出结果反推原始敏感数据的风险。

- □ 最终结果反推：以数据脱敏为例。所谓数据脱敏就是通过脱敏算法对某些敏感信息进行数据的遮蔽、变形使数据敏感级别降低，然后将敏感级别降低后的数据对外发放，或供访问者使用，实现敏感隐私数据的可靠保护。对于一些采用简单变换规则的静态脱敏算法，积累一定数量的脱敏数据（如手机号码）后，经过分析可能破解脱敏方案并获得原始数据，从而导致敏感用户信息泄露。

- □ 中间结果反推：联邦模型训练，即联邦各方对交互中间计算结果进行加密，完成模型的学习和收敛，在这个过程中要保证梯度不可被反推，原始数据不出域，原始样本数据不可被反推。在实现过程中，由于梯度的本质是处理原始输入数据的函数，虽然原始数据没有出域，但梯度几乎包含所有原始数据信息，所以基于梯度可以在一定程度上反推其他参与方的原始数据。无论是简单的逻辑回归或复杂的 CNN，学术界已发布的一些安全性分析的论文均指出梯度泄露可能存在原始数据泄露的风险。

- □ 逻辑结果反推：部分数据流通环节从逻辑上无法保护流通双方的敏感信息。以隐私计算为例，两个参与方执行多方安全计算，其中一方获得计算结果。如计算函数存在逆函数，则任何隐私计算方案都无法保护原始数据的安全，因为根据己方的计算数据和计算结果，很容易反推出另外一方参与计算的原始数据。

9.4.4 审计监督合规

《个人信息保护法》首次在法律层面规定个人信息处理者应该对其遵守法律、行政法规的情况进行审计。《个人信息保护法》中的审计分为个人信息处理者的自主审计和强制外部审计两种类型。

自主审计虽然构成《个人信息保护法》下个人信息处理者的强制性义务，但从立法目的来看，重在强调企业通过审计对自身的个人信息处理活动进行定期自查。因此，审计的频次及是否采用外部审计资源，企业可以基于风险导向原则来确定。

《个人信息保护法》第六十四条规定，履行个人信息保护职责的部门在履行职责中，发现个人信息处理活动存在较大风险或者发生个人信息安全事件的，可以要求个人信息处理者委托专业机构对其个人信息处理活动进行合规审计。强制外部审计，一方面可以利用外部独立机构的专业知识和能力，帮助个人信息处理者更客观、全面地发现、识别合规问题，明确合规差距；另一方面，外部审计机构的审计结果也可以为监管机构开展进一步的执法活动提供依据。

第 10 章

六大领域典型行业数据安全流通案例解读

本章主要对通信、金融、政务、政企服务、能源、工业等领域的数据流通典型案例进行分析，以期能为行业应用提供借鉴。

10.1　通信领域：中国电信"数信链网"实践案例

2021 年 9 月，中国电信研究院与隐私计算、可控硬件领域的领先企业冲量在线、中科可控联合研发的最新成果"数信链网——基于数算云网的区块链可信数据共享平台"落地实践。"数信链网"专注于解决数据流通链条中的一系列核心问题，包括数据资产确权、数据隐私和安全、数据定价和交易、数据价值深度挖掘、基础设施自主可控等。三方以电信"数算云网"一体化框架为基础，共同推进数据确权流通和隐私计算平台的建设。

1. 痛点分析

随着国家数据宏观政策的推动，数据资产流通和共享交换已经成为必然趋势，区域化、产业化的数据交易市场正在逐步兴起。电信集团作为数据密集型的电信基础设施服务商和运营商，拥有大量的企业、用户和市场数据，这些数据若可以在集团内部不同省分公司和子公司之间的共享和交换，将极大促进数据生产要素价值的激活，同时也可以帮助集团实现数据资产的对外运营和价值变现。

因为数据本身存在容易复制、可修改、权属不清晰等特征，数据共享交换需要一套与通用资产交易不同的全新技术方案予以支撑。数据共享交换方案主要是为了解决在数据交换过程中数据供需方之间的不同诉求。

数据需求方的主要诉求包括：

❑ 在不同的业务场景中，通过统一的数据目录和线上接口获取不同机构的数据。

❑ 使算法、用户标签等核心知识和商业秘密对数据源和第三方不可见。

❑ 记录数据使用的全流程，数据源对计算结果的贡献度清晰可查，确保各方公平可信。

数据提供方的主要诉求包括：

❑ 通过数据脱敏、可信执行环境、联邦学习等多种技术手段保障隐私数据使用安全、合规。

❑ 数据可用不可见，平台和需求方无法沉淀任何来源的数据，确保数据所有权不会发生变更。

❑ 帮助数据源统一管理自身的数据资产，并通过数据资产血缘帮助管理和获取数据资产价值。

2. 解决方案

数信链网融合了区块链和隐私计算两大新兴技术，创新性地实现了区块链的分布式互信特性和隐私计算的机密性协作能力融合互补，充分满足了数据流通中可信、安全的需求。在交付模式方面，数信链网采用了业界领先的一体机架构，解决了区块链和隐私计算技术实施难度大的问题，可在各类场景中快速交付、无缝扩展，真正实现了大规模应用于生产场景。此外，数信链网还实现了从芯片、操作系统、加密算法到应用软件的全面国产化，是业内首个具备端到端自主可控的同类型解决方案。平台在芯片层面深度优化了隐私算法的性能，最大化解决了安全性与性能不可兼得的难题。

基于数信链网构建的运营商数据交易流通系统的架构如图10-1所示。

数信链网主要用于满足电信外部的数据交易以及内部的共享交换需求，同时提供外部接口和外部行业数据以完成数据交换。整个系统包含以下5个功能模块。

（1）数据确权

数据确权指确定某份数据的权属所有方、数据生命周期和数据沿袭。系统将对所有新增数据进行确权并将信息上链存证。

数据确权的重点工作是进行数据资产登记与所有方登记，也就是用唯一标识来标注数据所有权的参与方。这里所说的参与方可以是机构也可以是人，但应该以交易对象为主，所以本系统直接假设数据所有方是机构。在对机构内不同人的数据进行确权时，可以假设机构本身是一个内部的数据网络空间。

（2）数据定价

数据定价包括两方面的内容。

❑ 价值分析：在数据沿袭过程中，系统将分析上游多个数据源对下游数据的价值贡献，从而为数据供需方的数据定价提供量化输入。

❑ 定价模型：对于不同类型、场景的数据，需要使用不同的模型进行定价。系统提供数据定价模型配置功能，根据数据价值分析结果，使用数据定价模型确定上游数据对下游产生的商业价值。

（3）数据交易

数据交易包括两方面的内容。

❑ 数据行为追踪：影响数据生命周期的操作，如创建、复制、删除、更改、ETL等均被定义为数据行为。所有发生在数据网络空间中的数据行为均会作为数据交易行为被系统追踪记录。

❑ 交易行为管理：系统将提供接口给各个边缘节点的数据供需方，用于管理所有的交易行为，包括交易行为的发起、审批、中止等。

（4）数据隐私计算

数据隐私计算模块主要进行的工作是数据接入计算，也就是外部数据通过可信执行环境节点，安全合规地接入系统，所有的建模、计算、查询等任务均在可信计算节点中进行，计算过程由物理环境保证不可见，过程数据及原始数据在任务结束后销毁，保证数据不落盘，最终只向任务发起方提供计算结果。

（5）合规监管

合规监管模块的重点工作是日志审计和权限管理。系统要提供严格的权限管理功能，通过角色划分不同使用者，对数据资产登记、交易管理、信息审计等操作进行隔离，并持久化存储用户操作、行为、时间等日志。

3. 取得成效

在技术层面，本案例融合了丰富的数据需求方资源，协助省分公司快速实现数据变现；构建了包含硬件、云平台、中间件、业务平台在内的完整合作伙伴生态，全面赋能运营商建设"国家一体化大数据中心"；具备了业界领先的区块链结合隐私计算能力，无缝集成运营商区块链基础设施；落地了业界领先的数据确权、存证、定价技术，支撑数据资产运营。

在业务层面，建立集团内部各分公司之间的数据共享平台，已经在多个电信省分公司落地实践；解决了分公司之间的信息共享和协作问题，将数据共享模式从原本的一事一议制（即便如此，依然存在泄露风险），优化成数据任务审批制，并通过隐私计算实现互联互通；支持电信省分公司的数据输出，已支撑40 余个数据输出场景，包含 1 100 多万用户量的数据。

10.2　金融领域

10.2.1　数智化助推保险业数字化转型升级

作为保险产业链新基建公司，力码科技深度链接保险产业链上下游，打破信息孤岛，基于数据共享和隐私计算，赋能下游渠道降本增效，实现数字化转型升级，提升保险服务质量和效率；助力上游保险公司实现平稳、高效的产品运营。

1. 痛点分析

本案例针对的主要痛点如下。

❑ 中小保险公司的数字化困境。大型保险公司有技术、人才、资金、客户、数据等方面的优势，而中小型保险公司在这些方面处于劣势，对动辄数百万元、千万元计的开发费用望而生畏。业务线上化实现了对线下业务的替代，但这只是数字化转型的开始，接踵而来的全流程智能处理，以客户旅程管理、平台战略、API 经济、数字化风控能力、AI 反欺诈、数字化养老、金融生态圈建设等为内容的数字化转型则令中小型保险公司应接不暇。相对大型保险公司的规模效应，中小保险公司数字化转型的投入产出比不高，降低了其从事研发的积极性，制约了公司的发展。

❑ **数字化背景之下，传统保险中介的生存困境。**保险中介机构在保险生态链中发挥着重要作用，但在当前保险市场体系中，保险中介机构在对接合作保险公司业务系统过程中，面临着对接支持难、对接成本高、对接周期长等痛点，尤其是一些中介机构自身还存在着合规经营水平低、风险防范能力差等顽疾，掣肘着整个行业的健康发展，也阻碍了保险行业的普惠发展。

2. 解决方案与成效

力码科技以创新为驱动，以信息技术为基础，全面赋能保险产业链从业者，对内聚合产品与服务，实现投保线上化、核保智能化、理赔高效化，对外连接销售机构与用户，提供精准、个性化、一体化营销服务，助力合作机构实现高质量运营，打造一个自主可控、开放共赢的数字化保险服务平台。公司目前已累计赋能企业客户超 2 500 家，推出保险 SaaS 模块上百个，合作商户可以根据自身系统化程度、业务特点、组织发展特性等订阅相关模块。

（1）力码科技产品工厂

产品工厂是供应链体系中的核心技术中台，包括产品智能配置、产品发布、投保引擎、产品拆解、产品知识图谱等核心板块。产品工厂可为整个供应链体系提供灵活、高效的基础设施。目前力码科技的产品工厂已为 100 余家保险公司的产品提供灵活参数设置服务，包括产品基本属性、产品规则、产品费率、产品责任和产品算法等，相比于行业内常规的 1 个月的产品生产效率，力码科技的产品工厂只需要 0.5 天即可完成产品的上线销售。

力码科技的产品工厂通过 OCR 与 NLP 技术，实现了产品条款、责任等自动化拆解，形成了强大的产品知识图谱体系，可以赋能销售、运营、经营全过程。

（2）力码科技开放平台

力码科技开放平台让具备开发对接能力的商户能以最小成本搭建保险销售平台，且支持以 PC 网站页面、移动端 H5 页面等多种形式帮助商户适配不同业务场景。交易数据实时传输，让商户对用户交易流程全面掌控，后续回访、保全等服务流程全覆盖，完整监控保单生命周期，为商户更好地服务客户提供有力支持。

（3）力码科技智能风控平台

智能风控平台是一款基于关联图谱、机器学习、联邦学习等技术实现的智能化风控平台，是一种保险业务风控全流程解决方案。该平台可以利用第三方多维大数据，结合智能决策引擎、智能关联图谱和智能建模平台三大模块，形成风险控制闭环，有效解决保险机构在保险业务风险控制方面的问题。

力码科技依托大数据和风控引擎，对外提供全面的风控服务。目前已支持商户、代理人、保单、投被保人等不同粒度的风险控制，覆盖高佣套利风险、渠道续期风险、集中退保风险、异常理赔风险、机构经验模式风险等多个场景。其中在高佣套利风险场景中实现 95% 以上的风险拦截，帮保险公司年度减少资损达千万元级别。

10.2.2　基于隐私计算的货车风险评估应用

公路货运业是物流运输行业的重要组成部分，作为国家基础性、战略性的产业，在支撑社会经济高质量发展、保障产业供应链的稳定、服务城乡居民生活方面肩负着重要使命。据交通运输部发布的《2021 年交通运输行业发展统计公报》显示，2021 全年公路货运量 391.39 亿吨，周转量 69 087.65 亿吨·公里。

货运市场的庞大规模带动了货运车辆保险业的迅速发展，2021 年营运货车的保费规模已破千亿元，在整个车险市场中大约占比 15%，是车险市场非常重要的车辆类别。然而面对千亿保费的货车保险市场需求，保险公司却宁可在竞争激烈的家用车险市场厮杀，也不愿做营运货运的车险。

来自折扣系数（公众号）的数据显示：综改后某公司安徽分公司营运货车满期赔付率达 95.8%，非营运货车满期赔付率达 207.4%。从吨位来看，1~1.5 吨满期赔付率达 388.2%，1.5~2 吨满期赔付率高达 311.2%。究其原因，一方面是由于后疫情时代，货车的使用频率及强度都提高了，货车风险呈现行业性上涨，而非营运货车的风险又由于监管不到位、车辆无标准、小货车行驶限制少等原因反而比大货车高；另一方面，自 2019 年 1 月 1 日起，各地交通运输管理部门不再为总质量 4.5 吨及以下普通货运车辆配发道路运输证，从而衍生出大量个人车主，行驶证为非营运，但实际用途为营运。

2020 年 9 月，车险综改开始，监管鼓励发展细分业务，非营运货车是一个值得探索的方向。从业务全貌上来看，非营运小货车存在业务散、内部赔付成本差异大、价格敏感型客户多、大公司没有重点投放、政策调整及时性高等特点，对于中小型保险公司而言，也许是一个不错的市场机会。在当前的市场环境下，针对小货车保险做出效益是可能的，但是需要做到如下几点：着眼于小货车风险识别，通过精细化管理，争取做到在保费不断增长的同时达到有效降低赔付率的效果。

1. 痛点分析

近年来，为提升我国汽车保险质量，增强车险行业竞争能力，提高整体市场经济效益，国家相继出台各类相关改革政策。随着车险综改的推进，也倒逼保险公司改变过去"一刀切"的做法，建立精准的风险评估体系并落地，以求更客观和精确地衡量车辆风险，有效拉开车辆之间、驾驶员之间、路况之间的费率差距，加强精细化管理，实现风险与定价之间的平衡。

非营运货车承保业务如果还只是以吨位和行驶证的使用性质来进行筛选，显然已经不适合。货车业务的风控能力是体现现今市场条件下独特竞争优势的方向之一。保险公司要想做好货车风控，最需要做的就是做好事前风险筛选、事中风险监控，以及事后理赔管理，但是事中风险监控和事后理赔管理都需要建立在风险筛选的基础上，而且事中风险监控流程复杂程度高，保险公司需要深度参与到车队管理中，所以这两项落地难度非常大。综上，保险公司做好事前的风险筛选是最直接有效且最具性价比的手段。

因为货车风险差异大，信息不对称程度高，而且目前保险公司的货车信息收集依然依靠人工上报的形式，这样得到的数据准确度和覆盖度都比较低，所以仅靠这些数据进行的单维度分析难以判断对应货车的真实用途，更无法判断其风险。当下，随着国有大数据开放共享，国有数据可深度应用在货车保险的风险控制场景之中。数据宝作为中国领先的国有数据资产代运营服务商，承担着数据治理、增值共享、开放流通、合规应用之重任。在保障国有数据安全的前提下，数据宝积极探索货车保险业务，联合银保信开发了 10 吨以下小货车保险评分模型。该模型可以帮助车险相关企业在市场范围内，从高速路网动态数据这个角度帮助保险公司建立差异化的风险识别能力。

2. 解决方案

数据宝小货车风险评估模型是基于隐私计算技术，在保证数据安全的基础上整合车辆静态信息、高速动态行驶数据等多个维度国有交通大数据资源。数据宝隐私计算平台（堡垒安全屋）示意如图 10-2 所示。

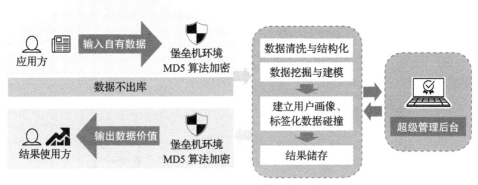

图 10-2　数据宝隐私计算平台示意图

考虑到不同地区的情况差异巨大（比如上海地区周边物流发达，上高速是常态，行驶里程多也是常态），如果全国采用一套风险因子及系数，很多地区的机构的很多业务可能自核通不过；另外营运货车与非营运货车也会存在行为的差异，所以基于地区和车种（营业和非营业）对数据进行分群，以车辆为单位构建多个群体的货车保险风险评估模型，是一种合理的做法。

数据宝采用机器学习方式立体化地对小货车保险风险进行筛选，补充了传统车险定价所不具备的动态风险维度，对货车风险高低进行精准评估，生成 1~10 的风险评分，分数越高表示赔付风险越高。这种做法可应用于货车险的保险定价、风险筛选与控制，以及物流行业针对司机安全运输进行的风险管控等场景，覆盖率高达 95% 以上。保险公司可以通过提供车牌号与营运类型获取对应货车的风险评分。小货车保险评分模型效果示例如图 10-3 所示。

该产品优势在于：

❑ 与保险公司建立起风险评分模型定期调整机制。

❑ 可以根据保险公司的需求定制化开发风险因子。

❑ 可以为合作的保险公司提供历史数据支持，帮助保险公司提升自身模型区分度。

❑ 可为保险公司在全量数据基础上提供风险评分模型。

3. 取得成效

某中型财险公司使用本产品后保费规模上涨 10%，业绩保持稳定增长，低风险业务占比增加 14%，费用折扣政策引导变化较大，业务质量得到有效改善。

该产品提供的风控功能对业务规模无负面影响，市场接受状态良好。根据与数据宝合作的多家财险公司的数据显示，针对市场上最差的 20% 的业务，每少做 1% 的保费进来，赔付率绝对值就会下降 1.5%；对于市场上最差的 5% 的业务，每少做 1% 的保费进来，赔付率绝对值可以下降 1.8%。某保险公司评分与赔付率关系示例如图 10-4 所示。

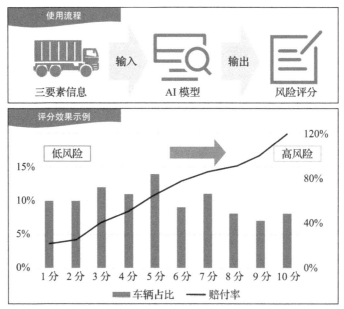

图 10-3　小货车保险评分模型效果示例

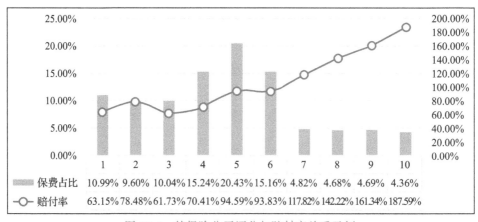

	1	2	3	4	5	6	7	8	9	10
保费占比	10.99%	9.60%	10.04%	15.24%	20.43%	15.16%	4.82%	4.68%	4.69%	4.36%
赔付率	63.15%	78.48%	61.73%	70.41%	94.59%	93.83%	117.82%	142.22%	161.34%	187.59%

图 10-4　某保险公司评分与赔付率关系示例

随着大数据和机器学习越来越受关注，保险科技赛道上的选手也越来越多，如何将概念落地，切实用数据赋能保险才是关键。数据宝货车保险风控产品作为首个加入高速风险因子的风控模型，它可以实现秒级反馈评级结果，可以充分满足保险公司的实时报价、核保响应时效的要求。

10.2.3　跨企业数据在金融风控中的应用

本案例阐述在金融风控场景中，通过分析用户的线上、线下行为，以联邦学习的方式引入跨企业用户风险特征的过程，实现对用户风险属性理解的拓展，有效帮助金融机构提升风控识别能力和范围。由于联邦学习能力的"隐私特性"，实现了整个建模过程的"数据可用不可见"，有效解决了数据流通过程中的数据安全问题。

1. 痛点分析

国内目前用于风控建模的数据多来自企业自己采集和积累的数据，以及与金融机构、征信机构通过业务合作获取的数据。由于这些数据覆盖人群和服务有限，各机构或平台也在尝试多层次的数据来源作为传统信贷数据的补充。随着《个人信息保护法》的施行以及数据的重要地位日益凸显，各数据拥有方或供给方，对于数据共享过程中的数据权属问题、安全问题存在一定的担心。

2. 解决方案

为解决数据流通过程中数据外发、数据泄露的风险，本场景采用了联邦学习作为技术实现路径。目前联邦学习作为隐私计算中重要的能力形式之一，能够在不进行原始数据交换的情况下，利用双方特征进行机器学习建模。本案例采用纵向联邦学习方式，在对齐样本的情况下，充分利用双方的特征进行互补。

在通过联邦学习落地数据流通的场景中，技术能力保障是促进数据流通的重要手段，同时合理运作机制和跨企业有效协同，也是数据能够安全、成功流通的决定性因素。目前基于联邦学习的合作框架要想获得成功，除了需要关注基础数据这一因素外，在实践过程中还要识别并定义 4 类关键成功因素——业务目标、合作评估与分析、流程机制、组织保障。

联邦学习环境方案示例如图 10-5 所示。

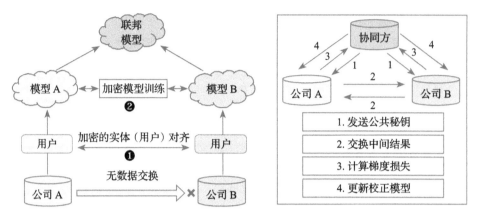

图 10-5　联邦学习环境方案

❶ 通过加密算法实现的隐匿求交技术，保证双方对齐训练样本用户过程中不额外获知非共有用户，确保数据不泄露

❷ 通过公网开展加密模型训练，过程中仅交换模型梯度、参数等中间结果，无数据传输，实现真正的"数据可用不可见"

3. 取得成效

本案例通过纵向联邦学习技术，在应用价值、流程合规、数据安全 3 个方面对跨企业的数据流通合作进行探索性尝试。

（1）应用价值层面

本次联邦学习模型通过引入需求方外部特征，增强了模型对用户风险状况的理解能力，相对基准模型，该模型在 KS 和 AUC 等关键指标上均有明显提升，达到了预期效果，具体如表 10-1 所示。

表 10-1　联邦学习模型对比效果

指标	技术指标	训练集	验证集	测试集
对比基准	KS	0.66	0.65	0.69
	AUC	0.90	0.88	0.91
联邦学习模型	KS	0.74	0.72	0.74
	AUC	0.94	0.93	0.94

对表 10-1 中所示部分内容说明如下。

❑ AUC（Area Under Curve，曲线下面积）：衡量模型对正负样本的整体区分能力。

❑ KS（Kolmogorov-Smirnov，正态性检验）：衡量模型对正负样本的最佳区分情况，区分度越大说明模型的风险排序能力越强。与 AUC 结合使用。

（2）流程合规层面

在应用该模型的过程中，通过隐私计算技术使原始数据未进行二次传播，存储位置未发生变化，有效满足了数据供方的资产管理诉求和安全诉求，使得跨企业数据的安全流通成为可能。

（3）数据安全层面

该模型的使用过程有效验证了隐私计算技术在联合建模过程中的数据保护能力及其他可用的安全增强手段，可作为其他数据流通场景的有效借鉴。

10.2.4　某证券企业数据安全治理

在证券行业数据安全监管力度逐渐加大的背景下，某证券企业结合数据安全现状、风险评估分析结果，实施合规安全、组织建设、制度建设、技术工具建设等，进而实现整体数据安全治理目标。

1. 痛点分析

本案例针对的主要痛点如下。

❑ 在数字经济背景下严格的数据安全监管要求。

❑ 业内数据信息泄露事件频发。

❑ 内部数据管理要求提升。

2. 解决方案

数据安全治理是体系化的数据安全管理活动。本案例通过持续运营和维护解决整体数据安全问题。

1）建设思路：立目标→定路线→动态纠偏。

2）组织架构建设：数据安全管理组织架构的建设参考了标准框架的分层结构，同时有效结合了原有的信息安全管理体系中的组织结构，从战略规划、建设管理到实施执行进行全覆盖，具有人员结构完善的特点。

3）制度流程建设：在数据安全建设方面，有效的制度建设和流程规范，能真正起到路线指导和规范作用。

4）人员能力建设：在人员技术能力提升方面，主要通过统一安排来规范人员培训管理，保证知识不断更新，提升人员工作技能，支持企业数据安全目标的实现。

5）平台工具建设：平台工具能够有效防范数据安全管理方面的风险，是保证各项管理要求落地执行的有效措施，也是支撑数据安全管理体系落地的基础。

6）可持续治理运营：组织为了能够贯彻落实数据安全治理规划内容，使风险始终保持在可接受的水平，需要以"管理＋技术"的运营方式，针对以数据安全为视角的风险开展事前防范、事中监控预警、事后应急处置等操作。可持续治理运营需要不断优化现有策略，实时跟进并整改安全风险，最终形成一套持续化运营机制。

7）基础管理实施：这部分主要涉及如下两个方面。

❑ 数据处理活动：数据安全治理围绕数据全生命周期展开，以采集、传输、存储、使用、共享、销毁各个环节为切入点，设置相应的管控点和管理流程，以便在不同的业务场景中进行组合复用。

❑ 数据安全技术工具的使用：完善数据安全治理体系的一个关键步骤是获得技术和工具平台的支撑，并以此来完成安全管控措施的构建，从而实现数据安全能力的建设。

3. 取得成效

本案例取得的主要成效包括如下几个。

❑ 与现有安全体系融合。网络安全和数据安全都需要组织机构、人员、管理流程、技术平台的支撑，数据安全并非替代网络安全，而是在传统网络安全体系的基础上，向数据安全体系转变，以便更加有效地实现对数据的安全治理。因此，数据安全不是重建一套安全体系，而是将数据安全治理在组织架构、制度流程、技术工具及人员能力方面的需求，纳入现有的安全管理体系中，以降低其落地难度、减少实施成本。

❑ 实现数据分类分级管理，覆盖业务全流程。结合业务条线的情况制定通用标准，然后根据业务场景的差异化制定分类、分级标准，以进一步细化数据全生命周期安全防护流程和差异化防护措施，保障数据安全措施的落实到位。

❑ 提供可持续动态防护的服务化运营保障。方案在部署了数据安全产品的基础上，面向具体场景以服务化的方式提供数据安全能力。通过持续的数据安全策略管理服务，实时分析数据的安全威胁并对应调整数据安全治理策略，实现数据安全的动态防护。

❑ 兼顾数据处理与安全保障。坚持以数据开发利用和产业发展促进数据安全，同时也以数据安全来保障数据开发利用和产业发展进度。数据安全治理工作兼顾了数据处理与安全。

10.2.5　芜湖大数据信用贷

芜湖大数据信用贷服务于中小企业，以政府大数据为基础，以金融科技为手段，以政策性担保增信为支撑，并以企业自主申请和诚信合作为前提。他们搭建了芜湖市金融综合服务平台并采取"线上＋线下"一体化的金融服务模式。该模式对政务、税务、企业经营等各类数据进行评级和算法分析，最终形成企业风险画像及授信结果和评分以供金融机构参考。这种评级报告更直接、直观地解决了金融机构在缺失部分数据时所面临的问题。

1. 痛点分析

企业数据覆盖率低，信用服务机构数据更新效率不够高，信用评级数据流通风险容忍度低，数据维度不够广泛，而特定行业、企业对特定数据又有特殊的需求。

2. 解决方案

完善数据维度，提高数据更新频率，通过第三方数据公司解决模型出入和授信结果偏强或偏弱问题。

3. 取得成效

目前芜湖大数据信用贷累计放款 58 亿元，为芜湖本地 2200 户中小企业解决了信贷融资问题，真正实现了全流程线上放款和大数据风控。通过大数据归集进行模型授信和算法分析，为企业高效提供精准的企业风险画像和授信额度。本案例中芜湖大数据信用贷有效解决了中小企业的融资难、融资贵问题，让金融机构敢贷、愿贷、会贷、能贷。同时，这项服务丰富了本地的金融信贷市场活跃度，体现了政府心系企业的作为。

10.3　政务领域

10.3.1　经济领域政务数据安全共享

基于省级多部门数据融合应用，我们运用多方安全技术和数据创新应用场景来帮助政府部门解决"不敢""不愿""不能"共享数据的困境。这有效实现了数据的流通，重构了多部门间业务协同机制，并构建了省域经济风险预测与治理体系。

1. 痛点分析

目前，省级政府各行政职能部门之间存在配合程度低、行政监管脱节、各自为战等问题。同时，由于存在壁垒和高度物理隔离等原因，导致业务数据形成"孤岛"，信息共享渠道不畅通。这使得政府对经济领域预测感知能力弱化且预警防范措施滞后。此外，长期以来一线经济相关部门受到政府间信息获取不灵敏的影响而无法解决一些治理问题，从而影响了省域社会经济治理效能。

2. 解决方案

我们提出依托省级政务云搭建一个数据安全共享平台，并充分运用多方安全计算、区块链等技术来解决税务、人行、外汇、海关、国家金融监督管理总局、公安等多部门的数据共享问题。通过省政务云与各部委厅局的安全数据传输通道，我们构建了与项目合作单位的数据交互渠道，并同步解决在两方或多方数据协同计算过程中的数据安全和隐私保护问题。我们通过将应用条件、分析请求、建模要求传递给各个部门的计算子网来实现"数据可用而不可见，不拿数据拿结果"的跨部门数据融合应用。这样可以保障平台模型能够实时、高效、准确运算，同时也可以及时推送模型运算结果给职能部门，从而支撑省域经济风险预测与治理持续高效开展。经济领域风险预警与治理解决方案如图 10-6 所示。

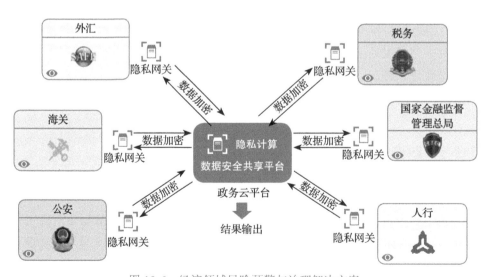

图 10-6　经济领域风险预警与治理解决方案

3. 取得成效

建设经济领域政务数据安全共享平台，可促进税务、外汇、海关、国家金融监督管理总局等多个部门之间的数据共享、联合运算和协调处置机制的创新。本案例中的系统应用实现了对经济领域风险的共同监测和协同治理，重塑了业务流程。

10.3.2　某政府公共数据开放平台

在政务领域，信息安全对于政府、企业和个人来说都是至关重要的。因此，在电子政务中必须建立一个完善的信息安全体系，以确保国家数据的安全，并为公众提供信息安全保障。然而，在政府信息化系统中普遍存在着"烟囱"应用和数据孤岛现象。这种现象可能会在不同部门之间甚至在委办局内部不同科室之间导致数据割裂现象。造成这种情况的原因可能是出于对数据保护的考虑或者组织管理机制问题，也有可能是由于信息系统设计限制所致。

本案例通过使用隐私计算技术实现多方数据协同，同时又不共享明文数据并且保证了用户隐私和数据安全。基于隐私计算做业务模式创新可以让那些由于泄露风险而不能进行的业务变得可行起来。神谱科技 Seceum 隐私计算平台利用隐私计算技术联通了各个孤立的数据库，并赋能多方面跨层级、跨地域、跨系统、跨部门以及跨业务的协同管理与服务功能的实现。

1. 痛点分析

目前，全国的信用数据（包括个人的社保、公积金、缴税等，以及企业的纳税、公积金缴存、社保缴费和立案信息等）分散在各个区域，形成了许多数据孤岛。这种情况导致不同数据之间很难协调工作，政务数据资产无法得到充分利用。

2. 解决方案

建立基于神谱科技 Seceum 隐私计算平台的公共数据开放基础平台（见图 10-7）。利用安全统计、联邦学习、安全求交和隐匿查询等综合技术，将政务公共数据资源融合打造成数据开放服务层。通过隐私计算技术实现数据流通，保证数据安全，并提升其价值。

该平台服务端下层可信地对接多维度、大规模各行业领域已存在并持续产生的海量丰富的公共数据资源，上层则对接各个使用方的平台应用端，从而支撑了不同场景下的数据流通业务，创建并打通了一个个服务链路。该平台是一个"数据可用不可见，可计算不可复制"的流通平台。这样一来，公共数据作为生产要素和资产就能更好地支撑各行业、各领域的业务大发展了。

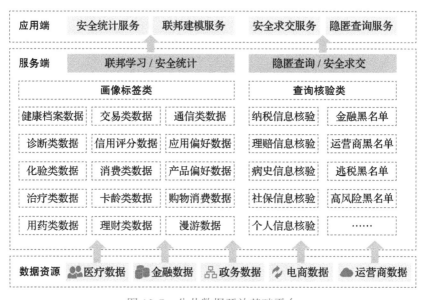

图 10-7 公共数据开放基础平台

3. 取得成效

本案例取得的成效主要包括如下几个。

☐ 各区域安全共享政务企业信用数据，针对性地扶持企业，解决企业融资等问题，最大化政府资源价值；促进各区域的智慧化建设；提升各区域之间的政府效率。

☐ 实现政府实时掌握整体及各区域人口及经济状况。

☐ 通过隐私计算平台可以保护数据安全，防止隐私泄露。

☐ 通过隐私计算安全节点覆盖的金融、政务等业务场景，增加政务数据安全开放输出，金融、企业在合规的条件下使用公共数据，赋能整个社会的经济建设。

☐ 利用 SeceumPQ 隐匿查询系统协助金融、保险类企业针对个人 / 企业征信类数据进行核验、查询，提升风控和反欺诈分析识别能力。

☐ 公共数据开放平台无须担心泄露客户隐私信息。

10.3.3　基于隐私计算的省级政务数据开放平台

洞见科技和智慧齐鲁公司合作，为山东省大数据局建设了国内首个省级政务数据隐私计算平台。该平台于 2021 年 10 月正式上线运营，具有行业标杆意义。通过采用隐私计算技术，该平台提升了公共数据通用支撑和服务管理等能力，并完成多方安全协同计算、企业数据资源合规市场化、安全应用化以及价值最大化。此外，该平台还安全有序地推进了各政府部门和公用事业单位等公共机构数据资源向社会分级分类开放和流通应用。

1. 痛点分析

近年来，国家陆续发布了《"十四五"数字经济发展规划》《关于推进公共信息资源开放的若干意见》和《政务信息系统整合共享实施方案》等指导文件，要求政府加大信息公开和数据开放力度。然而，为保护个人隐私和信息安全，政府也颁布了一系列法律法规（如《网络安全法》《数据安全法》和《个人信息保护法》），以规范和整治非法泄露或滥用个人隐私数据等乱象，并不断提高对数据流通合规性的要求。因此，各级政府面临着在数据开放与隐私保护之间难以两全的局面。

2. 解决方案

根据《山东省数字政府建设实施方案（2019—2022 年）》的要求，需要实现省一体化大数据平台的统一数据汇聚、治理和应用，以充分释放数据价值并进一步提升其支撑能力。为了解决政务数据开放中存在的问题，并满足山东省公共数据开放平台的需求，洞见科技与智慧齐鲁公司合作提供了"基于隐私计算技术的省级一体化公共数据开放平台建设"解决方案。该方案利用了隐私计算技术。基于隐私计算技术的省级一体化公共数据开放平台示意如图 10-8 所示。

本案例面向政府内部以及外部数据需求方，提供安全可信的隐私计算服务，推动政府的数据智能生态体系建设，实现数据价值的"重组式"创新。

本案例要实现的目标如下。

1）全面保障跨域数据在开放过程中的安全。跨域数据开放涉及通信、计算、存储和权限控制 4 个环节，必须确保每个环节都不泄露敏感数据，才能达成在整个融合过程中保障数据安全的目标。各个领域的敏感数据由该领域的节点通过可信网关统一集中管控，包括分级、发布、授权、加密、解密等手段，并采取行为审计和动态脱敏等防护措施。

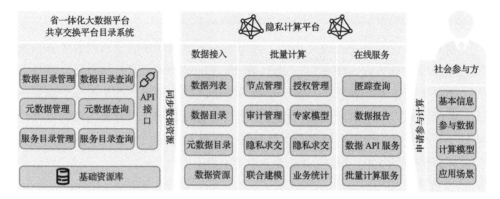

图 10-8　基于隐私计算技术的省级一体化公共数据开放平台

2）对跨域数据开放的业务应用提供全生命周期安全保障。除了技术上的安全外，还需要确保业务应用层面也是安全的。无论是明文计算还是密文计算，在整个生命周期内都需要确保不被滥用误用或超出规定使用范围。只有实现对具体使用情况和范围进行有效控制，并结合完整流程的密文计算，才能实现完整生命周期内的数据安全。

3）外部公共数据分布式统一访问机制。公共数据具有多源、异构等特征且存在大量敏感信息，因此无法集中汇聚和治理。为此需要提供分布式统一访问机制，以保障各接入方的数据安全，并实现对外部公共数据进行分布式访问，提高异构应用的适应性。

4）良性闭环的数据价值链生态。由于跨域数据安全和隐私问题，导致跨域数据从产生到应用存在大量壁垒，无法进行大规模共享融合。只有打通这些壁垒，使得基于业务需求在各个企业之间安全地共享和流通敏感信息，才能释放数据的融合价值，形成完整的数据生态网络效应。

3. 取得成效

该案例在技术和应用方面都实现了重要的创新和突破。在技术方面，该平台具有四大创新：

❑ 采用多方安全计算和可信联邦学习双引擎设计，保障数据安全性和模型精确度。

❑ 支持跨平台间互联互通，并且目前已经无缝对接多个厂商隐私计算平台。

❑ 在应用无可信第三方联邦学习（Non-3rd Party FL）技术的基础上大幅提

升了算法性能。

- □ 通过算法容器框架设计使得算法可以自定义设计、实现和执行。

在应用方面，该平台以"数据可用不可见、计算可信可链接、用途可控可计量"为原则上线后促进了政府数据开放共享并加强了对数据资源的整合与安全保护。这主要体现在以下几个方面。

- □ 在技术和业务两个层面实现了跨域数据开放在业务应用全生命周期中的安全保障。
- □ 通过构建"公共数据隐私计算平台"底座加快推进数字金融、智慧城市等领域中场景应用及生态建设。

作为国内第一个省级政务数据隐私计算平台，该平台具有行业标杆性、示范性和可复制性，为公共数据的开放和应用奠定了扎实基础。在本案例中，洞见科技与山东省大数据中心、智慧齐鲁公司三方联合成立了国内首个省级政务数据隐私计算实验室，并树立起隐私计算"政产学研金服用"创新创业共同体典范。

10.4 政企领域：基于数据安全流通用 RPA 在政企之间统计报表

这个案例涉及数据流通模式，可用于政企之间统计报表填报。该案例打通了政企之间的数据孤岛，提高了数据流通效率，同时解决了当前统计报表填写容易出错、耗时费力的问题，并帮助员工完成简单但重复度高的工作，从而解放了他们的双手。

1. 痛点分析

该案例所在的行业为制造业。在企业上传数据到统计局网站时，常常需要耗费大量时间和精力。这主要是由于数据之间存在孤岛导致的。传统的解决方案是利用人工来搬运数据以连接这些孤岛。然而，这种方法既耗时又费力，并且容易出现错误。对员工而言，重复性高、枯燥乏味的工作也会让他们感到不满。

2. 解决方案

本案例采用 RPA 技术，将企业内部 ERP 系统集成进来，通过模拟人对键盘和鼠标的操作完成统计报表的填写。首先，该案例利用 RPA 从企业 ERP 系统下载所需数据（通常以表格形式呈现），然后对表格数据进行逻辑运算并计算出报表所需数据。最后，使用 RPA 模拟点击输入方式上传这些数据到政府统计网站。

3. 取得成效

该案例通过 RPA 技术打通了政企之间报表数据的孤岛，提高了数据传输效率和报表填写准确性。该经验可供其他机构参考：内部系统可以利用 RPA 无侵入性特点集成各个系统，打通不同机构之间的数据孤岛并实现流程自动化，提高数据流通效率。此外，由于 RPA 无须在系统之间开放接口，所以可以使原有系统安全性得到保障。同时利用 RPA 能够降低企业成本、提升效率，并减轻员工负担。

RPA 在大量、高重复、可规则定义的场景下具有普适性，在大量的数据处理相关工作流上也有很多自动化落地场景，包含但不限于图 10-9 所示场景。

RPA 适用场景（包括但不限于）

RPA 卫生行政审批流程自动化
登录进入卫生监督管理系统，根据源数据，把源数据填写到各个位置，保存至系统中

RPA 采购流程自动化
根据所给文件生成不同表格，并把结果和生成的表格以邮件形式发给负责人

RPA 销售成本分析与已开发票数据对比
根据所给文件，筛选出需要的数据并生成数据透视表，对生成的数据透视表中的数据两两进行比对

RPA 数据分类自动化
根据所给的源数据以及条件，对符合条件的数据进行标注，若符合多个条件则生成新的工作簿并标注和保存

发票信息搜索大众点评价格
根据发票信息自动在大众点评批量检索，并保存相应价格

新生儿参保信息填写自动化
通过 HTTP 请求调用机器人自动完成新生儿参保报表信息填写

健康码转码疫情机器人
自动对健康码转码批量申请，对异常状态人员执行退回审核操作

批量获取请购单并实现请购自动化
自动对审批后的预留请购单进行请购操作，省去人工检查和操作步骤

账单审查自动化
批量查询系统，对账单各项信息进行审查并标记相应信息

公积金办理自动化
批量办理公积金，并将相应文件打包下载保存

信息整合系统
将 excel 文件从指定的网页系统中拿取下来，而后经过条件筛选将指定数据汇入一张表格中，而后在对 excel 和 pdf 处理后将结果以邮件形式发送

请款报表生成系统
该系统主要是用于财务，可根据条件走不同的业务分支并处理请款报表文件，而后发送邮件，最终将请款报表文件上传到另一系统中

RPA 材料数据整合入库自动化
按照业务要求，自动在网页端筛选收集符合要求的材料信息和数量，将数据信息以 excel 表格的方式存储到数据库，完成后以邮件形式进行提醒

图 10-9　RPA 部分适用场景

⬢ **外购申请自动化** 每日自动登入系统，将所有外购申请生成请购单 ⬢ **财务信息汇总计算** 每月自动计算考勤、加班、公积金和医保等信息并汇总至总表	⬢ **RPA 业务信息筛选填报** 在网页端下载数据，在本地进行计算后，对数据进行整合处理，完成后的数据在系统的网页端进行筛选填入后，再将数据保存或者提交 ⬢ **RPA 与 SAP 系统联动处理业务信息** 通过本地配置文件登录账号，以循环账号登录网页抓取数据并下载到本地，在 SAP 系统中对数据进行填写、保存、提交

图 10-9　RPA 部分适用场景（续）

10.5　能源领域：某市智慧能源大数据平台改建项目

基于隐私计算的能源数据共享服务是在某市智慧能源平台基础上建设的。该服务采用区块链技术进行隐私计算，旨在解决多个参与方之间数据安全共享和可信计算问题。通过推进各类能源大数据跨部门、跨行业流通，构建各类能源数据拥有方之间的互信机制支撑平台来对外提供服务，并实现各参与方间的互信互利。

1. 痛点分析

能源数据具有主体多、业务特殊、数据量大且系统繁多等问题，这些实际问题导致了能源大数据共享面临着数据隐私泄露、不可信的计算结果以及无法确权的数据资产等风险。传统的能源数据汇聚共享通常采用创建大型数据中心的方式，但该方式也会遭遇到一系列问题，例如确权和溯源等。以上痛点都导致当前收集、使用和共享能源大数据存在困境。

2. 解决方案

本案例通过区块链智能合约、隐私保护等技术，实现数据源头的登记确权、数据资产的上链应用、数据使用的授权验证、数据管理的调用溯源等，实现数据所有权和使用权的分离，为能源大数据可信安全共享和使用权的交易奠定基础。本案例产品的总体架构如图 10-10 所示。

3. 取得成效

本案例取得的成效主要包括以下几点。

❑ 应用情况：本案例实施后，实现了平台和能源企业之间的数据安全流通。

目前已经汇聚了全市重点企业电力数据 6 万多条、光伏电站及行业外能源数据 3 万余条。目前，数据还在持续汇聚中，并支持多个应用场景。

□ 应用成效：本案例通过保证平台数据隐私性，打造合规的正向数据流动生态，推动建立能源大数据开放共享机制。此举激励了各类能源大数据跨部门、跨行业流通，并实现了数据链、价值链与产业链的融合发展。这些措施支撑平台对外服务能力，促进了数据要素的市场化配置。本案例广泛应用于多个应用场景，并推动商业模式快速复制和增值。因此本案例为地方或区域数据交易中心建设以及行业或区域全流通建设提供示范，为共享和交易推广提供重要借鉴。

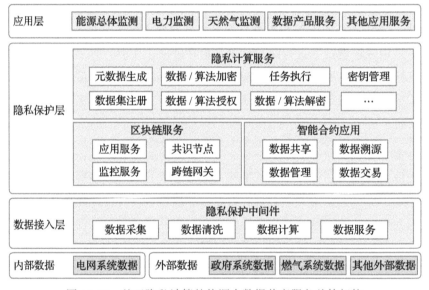

图 10-10　基于隐私计算的能源大数据共享服务总体架构

10.6　工业领域：基于区块链隐私计算的工业数据流通平台

本案例结合了区块链和隐私计算技术，旨在为工业类企业搭建一个区块链隐私计算平台。该平台利用区块链的可信存证和可信授权功能来支撑数据应用的合法性和合规性，并通过隐私计算技术实现计算过程和通信过程的隐私安全保护。这样一来，就可以为数据流通提供一个可信、安全的共享环境。

1. 痛点分析

在工业互联网领域，数据流通是产生价值的重要基础。然而，传统的数据流通方式和技术手段难以满足数据流通的隐私、安全保护需求，并存在各种问题和风险。因此，构建基于工业互联网的可信数据共享体系是促进和推动工业互联网数据共享互通的有效解决方案。

该体系需要解决以下痛点。

- ❏ 解决数据确权难问题。通过密码学实现的模糊指纹签名生成算法可对数据指纹进行相似性检验，并依托区块链的链式账本结构实现对数据指纹的全局统一记录和管理。这样可明确企业对所拥有数据的所有权并达成多方共识，杜绝可能发生的侵权行为。
- ❏ 解决数据价值流通难问题。通过使用隐私计算技术建立多方联合计算体系，在三权（所有权、使用权和执行权）分立下实现本地化计算与结果共享，并摒弃内容直接流通的模式。同时，借助防泄露系统完成中间过程及计算结果安全审查来杜绝潜在数据泄露风险。
- ❏ 解决数据共享可信监管难问题。利用区块链分布式数据账本结构，对数据指纹和目录进行全网公开存证，并通过智能合约实现自动化处理，通过记录上链来解决供需双方对于真实性和流向的担忧。同时，该体系还能够全面、有效、实时地监管数据价值流通。

2. 解决方案

基于区块链和隐私计算技术，三零卫士自主设计并研发了 BFS 系统，该系统是一个区块链数据联邦计算系统。BFS 系统使用开源的联邦学习技术框架，并结合自有的密码学专利技术对加密算法进行改进和优化。同时，借助自主研发的 BSI 区块链基础设施，构建了包括联邦计算系统、数据管理系统、区块链服务平台以及开放服务平台在内的完整的区块链联邦计算体系。这一体系实现了安全、可信和高效的隐私数据价值释放目标。

在 BFS 系统基础上，三零卫士还构建了一个基于区块链隐私计算技术的工业数据流通平台。该平台利用区块链可信存证和可信授权使数据应用程序合法合规，并通过隐私计算技术保护计算过程和通信过程中涉及的隐私信息的安全。这为工业生产制造与服务提供商们创造出一个可信且安全的数据共享环境，在此环境下可以建立起全要素、全产业链、全价值连锁以及连接性强的大型工业生产制造与服务体系。

三零卫士用技术服务为工业数据价值保护、数据资产界定以及数据价值释放提供了高性能、强稳定性、灵活适用、低成本和高安全性的解决方案。

（1）基础设施层

三零卫士基于公有云、私有云和物理机等资源构建了区块链服务基础设施。然后，在相关企业、业务主管部门以及监管部门中部署区块链节点，并为不同的业务操作提供区块链智能合约服务。通过这种方式，三零卫士实现了数据业务查验、存证和关联的自动化。

（2）服务层

❑ 隐私计算系统：各机构都部署了数据隐私计算系统，可以根据计算模型参数配置执行联邦计算任务。该系统支持同态加密、不经意传输、混淆电路和秘密共享等安全计算协议。

❑ 数据管理系统：各机构都部署了数据资源管理系统，用于进行数据资源共享管理操作，并发起和管理自身的联邦计算任务。

❑ 开放服务平台：由服务方独立部署并由其维护，向外部用户提供数据订购、学习模型配置、学习任务执行以及学习结果获取等服务。

（3）应用层

该层为工业互联网相关企业、业务主管部门和监管部门等提供工业数据运行监测、产品质量管理与创新、故障诊断与预测以及工业供应链分析和优化等应用服务。

3. 取得成效

工业数据隐私计算的应用将带来工业企业创新和变革的新时代。通过采用隐私计算、区块链等创新技术，可以改变工业企业研发、生产、运营、营销和管理的方式，并促进工业互联网快速发展。

基于区块链隐私计算技术构建的工业数据流通平台可实现满足数据"可管、可用、不可见"需求的数据流通基础架构。该平台应用于数据标识确权、数据隐私计算、数据可信溯源以及数据安全管控等方面，解决了在数据流通中出现的"不愿意""不敢"或者"不能"的问题。这为工业互联网上的数据流通与价值释放提供了可行途径。

第11章

数据安全流通的未来趋势

随着数字时代的到来，数据的安全流通已经成为一股不可阻挡的潮流。数据的价值日益凸显，数据产业也迅速崛起。多种技术的不断融合促进了数据要素的创新发展。数据流通已经成为数字经济的主要动力之一。在多方的努力下，数据市场也在逐渐规范化和繁荣，数据安全产业链也在不断延伸。

11.1　数据价值与产业崛起

当前，数据所引发的生产要素变革正在重塑我们的生产、需求、供应、消费以及社会的组织运行方式。以就业为例，时下热门的区块链工程技术人员、在线学习服务师、直播销售员等新职业，就是由数据催生而来的。数据支撑的新型智慧城市建设，正带动实现从"找政府办事"向"政府主动服务"的转变，数据成为撬动社会治理精细化、现代化的有力杠杆。

目前，数据业规则的谈判在双边、区域和全球等各层面展开。以美国为例，美国基于强大的综合优势，所制定的数字经济战略更具扩张性和攻击性，目标是确保美国的竞争优势地位。美国主张个人数据跨境自由流动，从而利用数据业的全球领先优势来主导数据流向，但同时又针对重要技术数据出口和特定领域数据的外国投资制定各种限制，以遏制竞争对手，确保美国在科技领域的主导地位。因此，数据跨境流动规则的制定以及话语权归属将成为一个国家产业崛起的核心竞争力。

11.2　多数据技术融合创新发展

近年来，多方安全计算、区块链、联邦学习以及可信执行环境等技术框架被广泛应用于数据流通领域。目前，数据流通领域大部分商业应用采用的多方安全和联邦学习技术，基本上都是由纯软件实现的。然而，这种技术面临着计算资源和网络带宽耗费平衡的问题。底层原因是节点之间都是使用密态数据计算，如果要网络传输小，那么就需要加大本地计算资源的耗费，否则就需要频繁地通过网络传输数据来减少本地计算的工作量。虽然这两种计算有自己的不足，但是它们在底层密码学理论上已经被证明是安全的，其中并不会涉及任何明文计算。可信执行环境在安全硬件环境下进行明文计算，性能非常高。然而，在实践中，可信执行环境仍然面临着明文在域外环境中被还原出来的问题，这与很多机构的合规性要求不符，而且存在如何证明硬件黑盒安全无后门等问题，因此落地的商业案例不多。区块链技术更多用来解决存证互信问题，而不是数据流通问题。

未来的数据安全流通将是多种技术的组合。跨机构间数据流通大多采用多方安全计算和联邦学习技术。机构内部的数据流通计算可尝试可信执行环境，由双方互信的机构来控制可信执行环境的彻底私有化部署，以获得更高的计算性能。区块链技术可以作为授权共识或计量共识来应用。授权共识可以实现 A 机构将用户授权登记在授权链上，B 机构在授权链上核实后才能开放与 A 机构的互通计算。计量共识可以实现 A 机构在发起计算请求前将计量信息登记到计量链上，B 机构在核实后执行 A 的计算请求，双方最终根据计量链数据进行商务计算。

11.3　数字经济发展的主要动力

数字经济的发展是催化剂，数据流通是必需品。目前，数据价值潜力巨大，这已成为多方共识，数据流通需求正被大量激发。国家各个部门和地区正在加强数字技术和产业的优先布局，推进数字化应用，促进数字政府、智慧城市和数字化产业的建设，加强数据安全流通治理，抓住数字经济发展的机遇。

　　培育和发展数据要素市场需要进一步充分释放数据价值。在大数据时代，通过数据流通可以进一步释放数据价值。政府方面可以提高数据的应用效能，促进公共服务的数字化和智能化发展。通过隐私计算、区块链、云计算、5G 等新一代信息技术，加快并保障数据的安全有效流通，为数字经济的快速发展提供新型数字基础设施。产业方面可以促进传统产业的数字化转型，通过数据流通重塑企业的竞争优势，打通产业链和供应链，为产业赋能，例如精细管理和精准营销。这不仅可以降低企业运营成本，还可以提高经济运行效率，赋能传统产业转型升级，催生大量新产业、新业态和新模式。这些措施可以推动数据汇聚融合、深度加工和增值利用，激发更多数据流通需求，有力促进数字技术和经济社会的发展和融合，为实现数字化发展和建设数字中国的远景目标奠定重要基础。

11.4　市场规范化与协同繁荣

　　随着数字经济的蓬勃发展，数据已成为基础性和战略性资源。相关部门需要建立健全数据交易平台监管机制，明确监管的主体、职责和内容，规范数据所有方、使用方、经营方的安全主体责任，确保数据流通和使用的安全。相关部门需要从"双循环"、区域发展等角度出发，综合考虑各地区发展不平衡、不充分问题，以及数据供需情况，加强国家层面布局。

　　数据交易中心、数据交易所等数据汇集、流通、交易的平台，作为促进数据高效安全流通利用的关键环节，应规定平台的设立资金、人员、交易规则、组织形式和管理制度的审批要求，防止平台重复建设和无序增长，促进形成数据质量好、交易量大、活跃度高的区域级交易平台。

　　数据生产链条包括多个参与者，数据的全生命周期有多个参与者（数据提供者、数据收集者、数据控制处理者等）对数据有支配权，每一个参与者在各自环节赋予数据不同价值。数据发挥作用、产生价值需要数据控制处理者（如网络平台）对数据进行采集、加工、处理和分析，因此需要在数据提供者、数据控制处理者等参与者之间进行协商和划分，确定权利的边界和相互关系。

在总结各地实践经验与教训的基础上，我们应充分考虑数据交易的独特性，坚持"在实践中规范，在规范中发展"的原则，以促进数据流通和加快发挥数据在各个行业中提质增效作用为出发点和目标，建立全国范围内的数据交易法律法规和监管框架，并积极培育新型数据服务业态。推动我国数据市场健康快速发展是全行业共同需求和公共愿望。

11.5 安全产业链不断延伸覆盖

数据交易本身存在隐私泄露的风险，而交易平台的截流、篡改和转售行为更加剧了数据安全问题。因此，在数据产生、加工、使用和流通等环节中，需要采取多种途径来加强数据隐私保护。

首先，应根据数据内容和应用场景制定分类分级的保护标准，以实现针对性、分级别和差异化的数据隐私保护与安全防护。

其次，要充分开发基于密码学的多方安全计算、联邦学习、隐私计算以及可信硬件等技术手段，以此来平衡数据安全性和使用性能，并在确保不外泄数据的同时实现数据合法获取与开发利用。我们还应提倡遵守义务原则并在交易合同中规定数据使用和禁止范围，增强卖方对直接买方的监督义务。

最后，要发展自主可控安全产业链以提高竞争力，并识别可能存在的未授权访问、滥用或泄露等风险，并评估相关经营管理和业务行为是否符合规定，在既定合规基础上科学地进行数据流通与利用工作。

人工智能：原理与实践

作者：（美）查鲁·C.阿加沃尔 译者：杜博 刘友发 ISBN：978-7-111-71067-7

本书特色

本书介绍了经典人工智能（逻辑或演绎推理）和现代人工智能（归纳学习和神经网络），分别阐述了三类方法：

基于演绎推理的方法，从预先定义的假设开始，用其进行推理，以得出合乎逻辑的结论。底层方法包括搜索和基于逻辑的方法。

基于归纳学习的方法，从示例开始，并使用统计方法得出假设。主要内容包括回归建模、支持向量机、神经网络、强化学习、无监督学习和概率图模型。

基于演绎推理与归纳学习的方法，包括知识图谱和神经符号人工智能的使用。

神经网络与深度学习

作者：邱锡鹏 ISBN：978-7-111-64968-7

本书是深度学习领域的入门教材，系统地整理了深度学习的知识体系，并由浅入深地阐述了深度学习的原理、模型以及方法，使得读者能全面地掌握深度学习的相关知识，并提高以深度学习技术来解决实际问题的能力。本书可作为高等院校人工智能、计算机、自动化、电子和通信等相关专业的研究生或本科生教材，也可供相关领域的研究人员和工程技术人员参考。

推荐阅读

 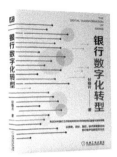  

华为数据之道

华为官方出品。

这是一部从技术、流程、管理等多个维度系统讲解华为数据治理和数字化转型的著作。华为是一家超大型企业，华为的数据底座和数据治理方法支撑着华为在全球170多个国家/地区开展多业态、差异化的运营。书中凝聚了大量数据治理和数字化转型方面的有价值的经验、方法论、规范、模型、解决方案和案例，不仅能让读者即学即用，还能让读者了解华为数字化建设的历程。

银行数字化转型

这是一部指导银行业进行数字化转型的方法论著作，对金融行业乃至各行各业的数字化转型都有借鉴意义。

本书以银行业为背景，详细且系统地讲解了银行数字化转型需要具备的业务思维和技术思维，以及银行数字化转型的目标和具体路径，是作者近20年来在银行业从事金融业务、业务架构设计和数字化转型的经验复盘与深刻洞察，为银行的数字化转型给出了完整的方案。

用户画像

这是一本从技术、产品和运营3个角度讲解如何从0到1构建用户画像系统的著作，同时它还为如何利用用户画像系统驱动企业的营收增长给出了解决方案。作者有多年的大数据研发和数据化运营经验，曾参与和负责多个亿级规模的用户画像系统的搭建，在用户画像系统的设计、开发和落地解决方案等方面有丰富的经验。

企业级业务架构设计

这是一部从方法论和工程实践双维度阐述企业级业务架构设计的著作。

作者是一位资深的业务架构师，在金融行业工作超过19年，有丰富的大规模复杂金融系统业务架构设计和落地实施经验。作者在书中倡导"知行合一"的业务架构思想，全书内容围绕"行线"和"知线"两条主线展开。"行线"涵盖企业级业务架构的战略分析、架构设计、架构落地、长期管理的完整过程，"知线"则重点关注架构方法论的持续改良。